U0159041

开关类设备
典型故障案例分析

李锐海　钱海　赵林杰 ／ 主编

西南交通大学出版社
·成　都·

图书在版编目（CIP）数据

开关类设备典型故障案例分析 / 李锐海，钱海，赵林杰主编. —成都：西南交通大学出版社，2022.8
ISBN 978-7-5643-8796-9

Ⅰ. ①开… Ⅱ. ①李… ②钱… ③赵… Ⅲ. ①开关电源 – 故障 – 分析 Ⅳ. ①TN86

中国版本图书馆 CIP 数据核字（2022）第 132561 号

Kaiguanlei Shebei Dianxing Guzhang Anli Fenxi

开关类设备典型故障案例分析

李锐海　　钱　海　　赵林杰 / 主编

责任编辑 / 李芳芳
封面设计 / GT 工作室

西南交通大学出版社出版发行

（四川省成都市金牛区二环路北一段 111 号西南交通大学创新大厦 21 楼　　610031）
发行部电话：028-87600564　　028-87600533
网址：http://www.xnjdcbs.com
印刷：四川煤田地质制图印刷厂

成品尺寸　　185 mm×240 mm
印张　　11.25　　字数　　230 千
版次　　2022 年 8 月第 1 版　　印次　　2022 年 8 月第 1 次

书号　　ISBN 978-7-5643-8796-9
定价　　58.00 元

《开关类设备典型故障案例分析》编委会

开关设备是南方电网重要的电气设备，其运行状态好坏直接影响到电网的安全可靠运行。为了提升开关设备运行可靠性，南方电网科学研究院在总结和提炼南方电网 2015—2021 年组合电器、断路器、隔离开关、开关柜等开关设备发生的典型故障案例的基础上，编制了《开关类设备典型故障案例分析》。

本书共收集整理了 42 起典型故障案例，根据故障特点，将其分为了 4 大类：开关拒动引发大面积停电风险、开关突发短路引发大面积停电风险、开关爆裂引发人身安全风险、开关引发西电东送通道大幅降功率及闭锁风险。其中开关拒动引发大面积停电风险共 21 起、开关突发短路引发大面积停电风险共 14 起、开关爆裂引发人身安全风险共 3 起、开关引发西电东送通道大幅降功率及闭锁风险共 4 起。

本书对开关设备典型故障的经过、故障设备检查情况、解体情况、故障原因分析及整改措施等进行了比较详细的说明，总结了南方电网在开关类设备故障检查、故障原因分析及整改措施等方面的经验，为从事开关专业的相关人员提供了一定的技术参考，有助于其提升开关设备运行、维护和检修等方面的工作水平，防范类似问题的发生。

由于时间仓促，书中难免存在疏漏之处，敬请广大读者批评指正。

编 者

2022 年 7 月

第1章　开关拒动引发大面积

停电风险的典型故障

1 220 kV 瓷柱式断路器操动机构中间继电器故障

1.1 故障情况说明

1.1.1 故障前运行方式

2016 年 10 月，220 kV 某站小雨至中雨，气温 8 ~ 15 ℃。JY 变 ZF 线 I 回为正常运行方式，线路两侧断路器为正常运行方式。

1.1.2 故障过程描述

2016 年 10 月 27 日 23 时至零时，ZF 线 I 回 201 断路器多次发出油泵运转信号，10 月 28 日 00 时 06 分 28 秒 ZF 线 I 回 201 断路器跳闸，同时发出液压低重合闸闭锁信号。

1.1.3 故障设备基本情况

故障设备为平顶山高压开关有限公司生产，型号为 LW10B-252，2002 年 4 月生产，2005 年 4 月 30 日投运，最近一次预试时间为 2014 年 4 月。

1.2 故障检查情况

1.2.1 外观检查情况

2016 年 10 月 27 日检修人员对断路器三相机构进行检查，发现断路器 B 相机构建压接触器触点故障，B 相机构液压力为 23.5 MPa，该压力低于断路器机构液压低重合闸闭锁压力 24.5 MPa。发液压低重合闸闭锁信号是正确的。将 B 相机构建压接触器更换后，B 相机构建压，恢复到正常压力。分别对断路器分、合闸回路进行检查，未发现异常，控制回路正常，对断路器进行远、近控操作，均未发现异常。将断路器进行非全相操作，就地非全相动作正常。2016 年 11 月 3 日组织专家再次对 ZF 线 I 回 201 断路器停电进行检查并明确：JY 变 ZF 线 I 回 201 断路器 10 月 28 日 0 时 6 分发生跳闸期间，直流系统运行正常，未发生直流接地情况；220 kV 站凤 I 回 201 断路器本体三相不一致保护回路无寄生回路，绝缘良好。

此外，检查断路器辅助开关的传动件，均未发现异常。查阅保护报文和对故障录波的分析，本次保护动作行为正确。检查就地非全相出口跳闸继电器，存在螺栓锈蚀及脏污情况，且继电器触头架用手触试，晃动较大。图 1.1.1 所示为就地非全相出口跳闸继电器。

触头架

图 1.1.1 就地非全相出口跳闸继电器

1.2.2 试验验证情况

断开断路器机构内部电源，用 500 V 摇表测量就地非全相出口继电器线圈接线端与机构合闸电源正极（电机电源）之间的绝缘电阻（见图 1.1.2）、就地非全相出口继电器常开触头之间的绝缘电阻、就地非全相出口继电器常开触头与线圈接线端头之间的绝缘电阻（见图 1.1.3），绝缘电阻大于 1 000 MΩ；测量分闸线圈与控制电源之间的绝缘电阻，绝缘电阻分别为大于 1 000 MΩ、114.5 MΩ、114.5 MΩ 和 104.5 MΩ。绝缘电阻均满足要求。

图 1.1.2 断路器机构电机电源空开

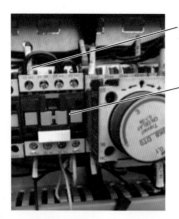

就地非全相出口
继电器线圈接线端

就地非全相出口
跳闸继电器

图 1.1.3　就地非全相出口跳闸继电器

1.3　故障原因分析

经检查和试验分析，发现以下两方面存在异常：一方面断路器机构由于在当天气温急剧下降的情况下压力降低；另一方面机构存在内漏情况，由于断路器 B 相机构的建压接触器触点故障，B 相机构无法正常补压，机构压力降低。当断路器跳闸后，油压低于重合闸闭锁值，断路器不能重合。

初步判断 JY 变 ZF 线 I 回 201 断路器跳闸的原因为：因三相不一致出口中间继电器 KL1 老化，断路器在建压的过程中（发生跳闸之前 201 断路器频繁发出电机打压信号，发生跳闸的同时后台有电机打压信号），由于频繁的机械振动引起的就地本体三相不一致出口中间继电器 KL1 三相出口接点不同步闭合，导致断路器三相不同步分闸（201 断路器跳闸时，C 相跳闸较最早跳闸的 B 相滞后 33 ms，较 A 相滞后 26 ms）。

因 JY 变 201 断路器就地本体三相不一致出口中间继电器 KL1 存在脏污及触头架晃动较大的情况，现场将该继电器更换后进行相关试验，试验结果均正常，ZF 线 I 回线恢复正常运行。

2 220 kV 瓷柱式断路器操动机构辅助开关故障

2.1 故障情况说明

2.1.1 故障前运行方式

2017 年 8 月 2 日，多云，气温 20～29 ℃。某站 ZJ 变 1 号、2 号并列运行在 220 kV Ⅰ 母带 110 kV Ⅰ 母负荷，3 号主变运行在 220 kV Ⅱ 母带 110 kV Ⅱ 母负荷，220 kV 母联 210 断路器运行，220 kV ZF 线 Ⅰ 回 201、ZH 线 Ⅰ 回 205、HZ 线 Ⅰ 回 208、ZX 线 Ⅰ 回 231、ZB 线 Ⅰ 回 233 运行在 220 kV Ⅰ 母，220 kVZF 线 Ⅱ 回 202、ZH 线 Ⅱ 回 206、HZ 线 Ⅱ 回 209、ZX 线 Ⅱ 回 232、ZB 线 Ⅱ 回 234 运行在 220 kV Ⅱ 母，旁路 270 断路器在 Ⅰ 母热备用。

2.1.2 故障过程描述

2017 年 8 月 2 日 7 时 6 分 48 秒，NJ 集控监控后台发"220 kV ZB 线 Ⅰ 回 JFZ-12F 断路器非全相运行位置不一致""220 kV ZB 线 Ⅰ 回 CSC-103B 主一保护装置重合闸动作"信号（后经值班员现场检查断路器实际位置无变化）；7 时 6 分 49 秒，信号复归；7 时 6 分 53 秒至 7 时 47 分 24 秒，共 7 次发"220 kV ZB 线 Ⅰ 回 JFZ-12F 断路器非全相运行位置不一致"信号并复归；7 时 47 分 41 秒，ZJ 变 220 kV 站坝 Ⅰ 回 233 断路器就地非全相保护动作跳闸，主一、主二保护重合后再次跳闸。

2.1.3 故障设备基本情况

故障设备为苏州 AREVA 高压电气开关有限公司产品，型号为 GL314，弹簧操作机构，2009 年出厂，同年 4 月投运。

2.2 故障检查情况

2.2.1 外观检查情况

1. 控制电源检查

第一、二组断路器控制电源经检查无异常，正、负极无接地现象。

2. 控制回路绝缘检查

对操作箱与端子箱、端子箱与汇控柜控制回路进行检查，绝缘良好，控制回路接线正确，可排除控制电缆绝缘能力降低造成直流电源侵入控制回路的可能性。

2.2.2 试验验证情况

1. 汇控柜控制回路

根据断路器就地汇控柜控制回路分析，通过启动就地分闸继电器 K02 和 K12 可造成就地三相分闸。分别用第一组正电源 X01-12 与第一组就地分闸继电器启动线圈正端 K02 的 A1 端进行绝缘电阻测试，用第二组正电源 X01-16 与第一组就地分闸继电器启动线圈正端 K12 的 A1 端进行绝缘电阻测试，绝缘电阻大于 1 000 MΩ。排除因就地控制回路故障导致断路器跳闸的可能。

2. A 相断路器辅接点测试

断路器的辅助接点 S01 共有 8 组，四开四闭。将断路器操作至合闸位置，分别测量合闸状态下 A 相断路器辅助常闭接点用于合闸回路（见图 1.2.1）及就地非全相回路的接触电阻。

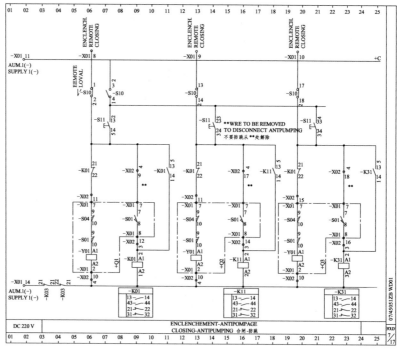

图 1.2.1 断路器就地合闸回路

测得用于 A 相合闸回路的常闭辅助接点 S01（9，10）（常闭接点用于断路器合闸回路）最小阻值为 22 kΩ、最大阻值为 8 MΩ，多次分合后无穷大（见图 1.2.2）。测得用于 A 相就地非全相保护的常闭辅助接点最小阻值为 20 kΩ、最大阻值为 25 MΩ，多次分合后无穷大。以上测试值只是检查当时的数值，无法还原故障时的状态，但从以上数值可以看出，A 相辅接点出现了异常。理论上，该接点在此状态下接触电阻应为无穷大，但根据上述检查结果分析，故障时，用于 A 相合闸回路的常闭辅助接点在合闸状态下出现了异常导通，导致保护控制回路中的 TWJ 励磁，而主一、主二保护收到了 A 相 TWJ 信号后认为断路器跳闸，启动了重合闸回路导致保护重合闸出口；而用于 A 相就地非全相保护的常闭辅助接点在合闸状态下出现了异常导通，导致就地非全相回路启动，这是导致断路器就地三相分闸的根本原因。

图 1.2.2　A 相常闭辅接点在断路器合位时的电阻

3. 断路器就地非全相时间继电器 K07 检查

通过现场多次（20 次以上）传动试验，监控后台出现 2 次就地非全相动作的信号，进一步检查发现就地非全相时间继电器用于发信的接点的触针有氧化锈蚀的情况，进而导致继电器与底座接触不良，在继电器动作时无法有效发出动作信号至后台，与故障时的现象相符。

K07 时间继电器经打磨处理后重新插回底座进行就地非全相功能传动试验，20 次试验后台均能正常发信，验证了 6 号和 7 号触针与底座接触不良是导致故障时未正确发信至后台小概率事件的原因。

4. 控制回路干扰检查

将两组控制回路空开断开后，在断路器汇控柜测得第一、二组控制电源均有一感应的-60 V左右的直流电压，并逐步衰减。经检查该干扰电压来自信号回路（10E121D/815），为SF$_6$压力表上的报警信号，A、B、C相信号回路接入后均有此现象。

进一步检查发现，表头接线柱上因长期置于室外，且没有密封，受潮后出现了锈蚀（见图1.2.3），造成绝缘能力降低，从而出现了串电现象（见图1.2.4）。虽然负电的串电不会直接导致断路器跳闸，但现场发现此隐患后仍将该断路器的三只密度继电器做了更换处理。更换后串电现象消失。

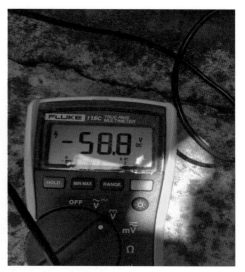

图1.2.3　SF$_6$压力表接线桩头上有锈蚀　　图1.2.4　控制回路有串电现象

2.3　故障原因分析

该事件是一起220 kV断路器A相辅助开关质量不良，引起运行过程中辅助接点异常导通，从而引发断路器本体非全相不一致动作跳闸，造成220 kV断路器非计划停运的五级电力安全事件。

直接原因：220 kV ZB线Ⅰ回233断路器A相断路器辅助接点在合闸位置时常闭接点绝缘异常降低，导致断路器就地非全相保护动作，进而跳开断路器。

间接原因：苏州AREVA高压电气开关有限公司生产的GL314型220 kV站坝Ⅰ回233断路器A相辅助接点存在质量问题，导致其处于合位时常闭接点绝缘能力降低。

3　110 kV 瓷柱式断路器操动机构传动部件卡涩

3.1　故障情况说明

3.1.1　故障前运行方式

220 kV 某站 220 kV 母联 212 断路器热备用，110 kV 母联 112 断路器热备用，全站分列运行。220 kV Ⅰ 母运行 JC 线 Ⅰ 回 267、YJ 线 262 和#1 主变 201 断路器；220 kV Ⅱ 母运行 JC 线 Ⅱ 回 268、JZ 线 266 和#2 主变 202 断路器，备自投"母联"备投方式投入。

110 kV Ⅰ 母运行#1 主变 101、HJ 线 Ⅰ 回 166（风电）、JM 线 Ⅰ 回 164 断路器；110 kV Ⅱ 母运行#2 主变 102 和 JM 线 Ⅱ 回 163 断路器。MW 变 110 kV JM 线 Ⅰ 回 141 及母联 112 运行，JM 线 Ⅱ 回 142 热备，备自投"线路"备投方式投入。

3.1.2　故障过程描述

2017 年 2 月 21 日，220 kV YX 线 A 相发生永久性故障，导致 YX 线三相跳闸，形成 YLH 四级、YLH 三级、YLH 二级、YLH 一级、JZ 变 Ⅰ 母（运行 JC 线 Ⅰ 回 267、#1 主变 201）的孤网运行方式，因频率失稳引起了保护动作，在此过程中因 MW 线 142 断路器未合闸成功引起了 MW 变失压。具体过程如下：

21:10:17，220 kV YX 线 A 相故障，重合成功。

21:10:19，220 kV YX 线再次发生 A 相故障，线路三相跳闸。

21:10:29，220 kV HZ 冶炼厂降压站#1 整流变低频减载动作（低频减载第Ⅵ轮），跳开#1 整流变。

21:10:30，220 kV HZ 冶炼厂降压站#3 整流变低频减载动作（低频减载第Ⅶ轮），跳开#3 整流变。

21:10:46，110 kV MW 变 35 kV JY 水泥厂线（低周减载第Ⅴ轮）、35 kV HZ 烟厂 Ⅱ 回线（低周减载第Ⅴ轮）低频低压保护动作跳闸。

21:10:50，DHLZ 风电场风机低频脱网（自动化系统采样为分钟级）。

21:11:24，220 kV HZ 冶炼厂降压站#2 整流变整流机组冷却系统水压低连锁跳闸，跳开#2 整流变。

21:24:48，220 kV HZ 冶炼厂降压站#1 动力变低电压保护动作，跳开 1 动力变。

21:25:07，220 kV JZ 变电站备自投启动。

21:25:07，110 kV MW 变电站备自投启动。

21:25:09，跳开 220 kV JZ 变电站 220 kV YJ 线 262 断路器。

21:25:09，跳开 110 kV MW 变电站 110 kV JM I 回线 141 断路器。

21:25:10，110 kV MW 变电站 110 kV 备自投合 110 kV JM II 回线 142 断路器，未合上，备自投动作不成功。

21:25:10，合上 220 kV JZ 变母联 212 断路器，备自投动作成功。

3.1.3　故障设备基本情况

故障设备为江苏省如高高压电器有限公司产品，型号为 LW36-126（W）T3150-40，SRCT36-C 型弹簧机构，2009 年 10 月出厂，2011 年 10 月投运。

3.2　故障检查情况

3.2.1　外观检查情况

142 断路器转为冷备用状态后，检修人员对该断路器进行检查。检查 142 断路器后台保护动作信息，未发现"控制回路断线""未储能"等异常告警信号。经目视检查储能拐臂与合闸弹簧杆未越过死点（见图 1.3.1）。储能位置机械指示在"已储能"状态，储能限位行程开关接点处于断开位置；后台无弹簧未储能报警信号。对断路器进行近、远控操作均不动作，后手动操作也不动作。打开机构箱侧板，检查储能保持掣子、合闸扇形板及合闸半轴状态，发现合闸扇形板未与合闸半轴有效接触（见图 1.3.2 和图 1.3.3）。

综上可以看出，142 断路器储能不到位。因此，可以明确该断路器拒合的直接原因为断路器储能不到位。

为了查找 142 断路器储能不到位的根本原因，组织相关人员对 110 kV MW 变出现拒合的 142 断路器，及同型号 112 及 141 断路器进行停电检查。通过二次回路检查，排除了因二次元件故障或二次接线松动导致电机储能回路断开，造成 142 断路器储能不到位。

通过机构手动储能检查，可明确故障断路器的行程开关切换位置在合闸弹簧连杆过死点处，满足厂家设计要求。排除了储能电机行程开关固定及出厂调整位置不当，导致行程开关提前断开电机电源，使储能连杆运转到最高位置无法越过死点的可能。

通过开展储能时间与储能延时继电器定值配合情况检查，发现 142 断路器的实际储能时间未达到延时继电器动作时间，因此排除了因延时继电器动作导致电机储能回路提前切断，造成储能不到位的可能。

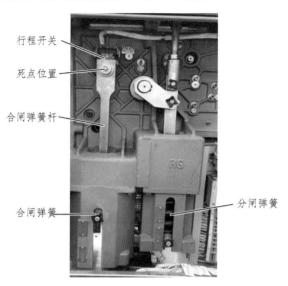

行程开关
死点位置
合闸弹簧杆
合闸弹簧
分闸弹簧

图 1.3.1 断路器操作机构整体实物图

合闸扇形板
合闸半轴

图 1.3.2 操作机构实物图

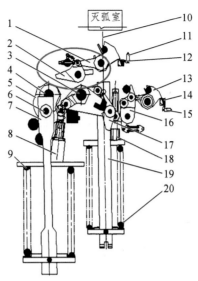

1—合闸扇形板；2—储能保持掣子；3—输出拐臂；4—储能轴；5—凸轮；6—拐臂；
7—合闸弹簧杆；8—合闸缓冲器；9—合闸弹簧；10—机构输出连杆；
11—合闸电磁铁；12—合闸半轴；13—分闸扇形板；
14—分闸半轴；15—分闸电磁铁；16—合闸保持掣子；
17—合闸驱动块；18—分闸缓冲器；
19—分闸弹簧杆；20—分闸弹簧。

图 1.3.3　操作机构原理

3.2.2　试验验证情况

1. 储能时间测试

现场对 142、112、141 断路器的储能时间进行测试，并查阅了各断路器的出厂记录，具体参见表 1.3.1。

表 1.3.1　断路器储能时间

断路器编号	142 断路器	112 断路器	141 断路器
出厂记录/s	18	18	17
现场实测值/s	22	19	19

根据厂家的要求：延时继电器的延时时间出厂时整定标准为 24～28 s，机构的储能时间均要求小于 20 s。从现场检测的情况来看，142、112 和 141 断路器的储能时间均有一定程度的延长，其中 142 断路器储能时间变化最大，超过了出厂要求值，反映出 142 断路器在储能电机性能方面有所下降，出力不足。

2. 对比新、旧电机下储能情况

现场将 142 断路器储能电机更换为快速电机，更换新版储能电机后，储能时间缩短了，由以前的 22 s 缩短到 11.4 s，储能到位后储能驱动棘爪能越过三角板约 60 mm，之前储能驱动棘爪刚好越过三角板。反映出新版电机具有更足的动力，可使合闸弹簧连杆更容易越过死点，同时也说明了旧版电机性能下降，存在出力不足的情况。

3. 传动部件机械特性测试

对 142 断路器进行分合闸动作特性试验，试验数据未发现明显异常，如图 1.3.4 所示。

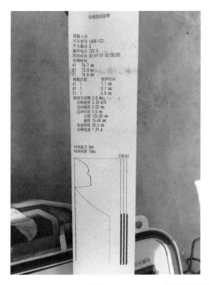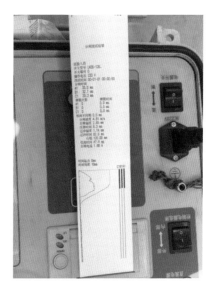

图 1.3.4　142 断路器分合闸机械特性试验数据

3.2.3　解体情况

将分合闸线圈拆下进行检查，并进行了直阻测试，直阻测试结果正常（见表 1.3.2），但发现合闸线圈有老化现象，为了防止断路器合闸线圈在今后运行中可能存在线圈损坏的风险，将合闸线圈进行更换。

表 1.3.2　142 断路器分合闸线圈直流电阻

测试日期	合闸/Ω	分闸 1/Ω	分闸 2/Ω
2012.5.23（首检）	169.3	119.2	120.4
2017.2.23	169	119.1	120.4

将合闸弹簧及其连杆拆下，合闸弹簧连杆无明显变形。手动转动储能轴上与合闸连杆相连的摇杆，无明显卡涩现象（见图 1.3.5）。142、112 和 141 断路器机构箱内部进行检查，发现齿轮、轴承及转动部件润滑油均存在不同程度变硬老化现象，机构内部润滑不足，如图 1.3.6 所示。

图 1.3.5　机构解体检查

润滑油变硬老化

图 1.3.6　齿轮、轴承及转动部件润滑油存在变硬老化现象

现场为了验证机构润滑对储能的影响，对 112 断路器进行润滑前后的储能

对比（142 断路器已进行润滑处理），未润滑前、储能后驱动棘爪刚越过三角板即停止，对机构各传动部位润滑后，再次储能后驱动棘爪越过三角板的距离变长，说明机构润滑之后储能传动阻力减小。

通过该项目检查，可以明确 142 断路器机械性能无异常，但齿轮、轴承及转动部件润滑油存在变硬老化现象以及机构润滑不足现象，导致储能传动阻力加大，影响断路器储能。

3.3　故障原因分析

根据现场检查情况，可以明确导致 142 断路器拒合故障的直接原因为储能不到位，合闸弹簧连杆未越过死点，此时储能行程开关刚切换，但储能拐臂未与储能保持掣子有效接触、合闸扇形板未与合闸半轴有效接触，导致断路器拒合。

现场检查发现齿轮、轴承及转动部件润滑油存在变硬老化及润滑不足，142 断路器储能时存在一定的卡涩，导致储能不到位，合闸扇形板与合闸半轴未有效接触，而储能行程开关已切换，储能过程终止，导致断路器合闸不成功。

经分析认为本次 142 断路器储能不到位是由传动部件卡涩造成。

4 110 kV 瓷柱式断路器 SF₆ 闭锁中间继电器故障

4.1 故障情况说明

4.1.1 故障前运行方式

110 kV 某站#1、#2, #3 主变分列运行，110 kV 1M、2M 母线并列运行，110 kV 旁路母线在热备用，110 kV JD 线 1203 开关挂 110 kV 1M 母线热备用、111PT、#1 变高 1101 开关挂 110 kV 1M 母线运行，110 kV PD 甲线 1226、110 kV PD 乙线 1227、110 kV DY 线 1224 开关、112PT 挂 110 kV 2M 母线运行，110 kV 旁路 1030 开关挂 110 kV 2M 母线热备用，10 kV 1M、2M、3M 母线分列运行。事件发生时无电气操作。

4.1.2 故障过程描述

2017 年 07 月 22 日 08 时 58 分 32 秒，110 kV 某站 110 kV PD 甲线 1226 线路 C 相故障，电流差动作、距离 I 段保护动作，开关跳闸，重合闸未动作，造成 110 kV 平东甲线 1226 开关跳闸停运。经检查，确认为该开关机构箱 SF₆ 闭锁继电器 K3 故障，通过更换 K3 继电器后恢复正常，于 7 月 22 日 14 时 30 分，恢复 110 kV PD 甲线 1226 开关运行，110 kV PD 甲线 1226 开关停运共计 5 小时 32 分钟。

4.1.3 故障设备基本情况

故障设备为苏州河南平高电气股份有限公司产品，型号为 LW35-126W，2002 年 5 月出厂，同年 7 月投运。K3（SF₆ 最低功能压力闭锁继电器）为上海人民电器开关厂产品，型号为 JZC4-22 TH，2002 年 1 月生产，同年 7 月投运。

4.2 故障检查情况

开关停电转为冷备用状态后，检修专业人员现场检查发现 10 kV PD 甲线 1226 开关机构箱内 K3 继电器的用于合闸控制回路的 21、22 常闭节点不导通，尝试手动操作 K3 继电器按钮，按钮无法复归。

　　从如图 1.4.1 所示的控制回路图可以看到，K3 继电器的两幅常闭节点分别串接于开关的分、合闸控制回路上，当 K3 继电器不吸合时两幅节点处于导通状态，开关可以正常分合。若开关 SF_6 气体压力低于闭锁值则 K3 继电器吸合，将分、合闸控制回路断开，即闭锁开关操作，此时报开关控制回路断线。

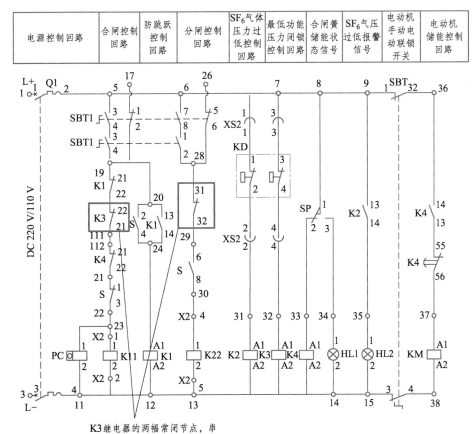

图 1.4.1　LW35-126W 开关控制回路图

　　现场检查 10 kV PD 甲线 1226 开关合闸控制回路时发现 K3 继电器的 21、22 节点故障不导通，其余节点均正常导通，合闸线圈电阻正常，电源电压正常，由此判断导致 10 kV 平东甲线 1226 开关无法正常重合闸的原因即为 K3 继电器的 21、22 常闭节点故障引起的合闸控制回路断线。

　　尝试手动操作 K3 继电器按钮进行修复时发现按钮卡涩无法复归，故障无法修复，因此直接更换新的继电器。卡涩情况如图 1.4.2 所示。

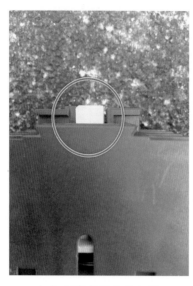
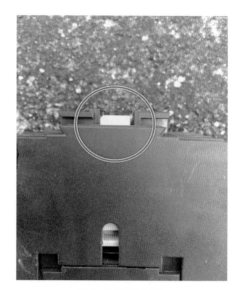

（a）正常复归的继电器　　　　　　　（b）故障继电器

图 1.4.2　卡涩情况

4.3　故障原因分析

1. 直接原因

110 kV PD 甲线线路 C 相故障，110 kV DC 站侧 110 kV PD 甲线线路保护装置差动保护、距离 I 段动作跳开 110 kV PD 甲线 1226 开关，该开关机构箱 SF_6 闭锁继电器 K3 合闸回路中常闭接点损坏，导致重合闸未动作。

2. 间接原因

110 kV DC 站 110 kV PD 甲线 1226 开关机构箱 SF_6 闭锁继电器运行年限达15 年，元件老化，可靠性降低。

5　220 kV 瓷柱式断路器操动机构中间继电器故障

5.1　故障情况说明

5.1.1　故障前运行方式

2016 年 9 月 17 日,220 kV 某电站地区天气阴转小雨,温度 18 ℃。220 kV Ⅰ、Ⅱ母并列运行,各回线断路器正常在 220 kV Ⅰ、Ⅱ母运行,220 kV 母联 210 断路器运行。220 kV 某线供某电厂启备变,作为该电厂备用电源线路。110 kV Ⅰ、Ⅱ母并列运行,各回路断路器正常在 110 kV Ⅰ、Ⅱ母运行,110 kV 母联 110 断路器运行。1 号主变 220 kV、110 kV 侧中性点接地。

5.1.2　故障过程描述

9 月 17 日 21 时 28 分,某巡维中心汇报地调某变电站 220 kV 某线 209 断路器距离Ⅰ段保护动作跳闸,选相 C 相,保护测距 10.92 km,录波测距 10.592 km,重合不成功;该电厂侧#01 启备变差动保护动作跳闸,该线 209 断路器在分位。

地调与该巡维中心核实 209 断路器间隔检查无异常,运检公司汇报地调该线具备强送条件,巡维中心根据地调令退出 209 断路器重合闸,强送 209 断路器不成功。经检查,该线断路器出现故障,现场无法检查出该线 209 断路器机构具体故障相别。经与地调再度检查确认,初步判断为该线 209 断路器 B 相未储能(现场运行人员在强送之前记录三相计数器数值,强送之后发现 B 相计数器未变化),继保班经检查发现该线 209 断路器 B 相储能回路中间继电器 SPX 常开触点在继电器吸合时没有闭合。

5.1.3　故障设备信息

故障设备为西安西开高压电气股份有限公司产品,型号为 LW15-252,2006 年 1 月投运,最后一次保护定检时间为 2015 年 8 月。

5.2　故障检查情况

检修人员及运行人员在现场发现 B 相断路器储能中间继电器 SPXB 为吸合状态,其他继电器为正常状态。测量发现 SPXB 继电器动作但接点未翻转,导致弹簧储能继电器 88 M 无法启动，储能回路不导通，弹簧无法储能。储能二次回路原理图如图 1.5.1 和图 1.5.2 所示。

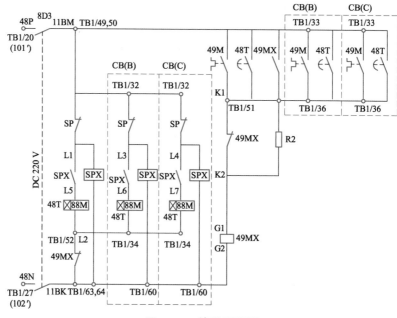

图 1.5.1　储能原理图

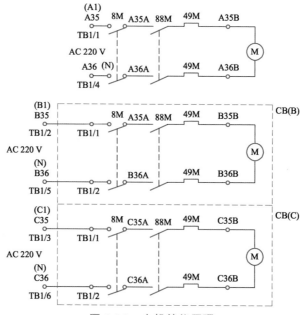

图 1.5.2　电机储能原理

开关场送至控制室的电机未储能信号采用的公共端为 110 V 正电，当电机未储能接点闭合时，线路测控装置发出告警信号，送至后台监控。如图 1.5.3 所示为电机未储能原理图，图中 SPX 接点未告警接点。

但检查现场接线时，发现 878 从端子箱接至线路测控装置时，错接至线路测控的 24 V 信号开入上，导致该信号无法开入。

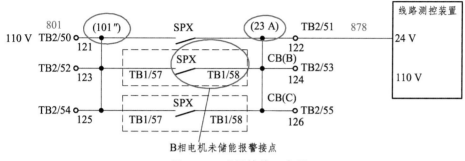

图 1.5.3 现场接线示意图

2009 年投运时，该线当时有保护装置 3ZJ 中间继电器扩展告警接点后送至测控装置，由于是控制室内的信号开入，当时公共端只采用 24 V 弱电开入。2009 年调试验收时告警信号是正常的。如图 1.5.4 所示为保护装置中间继电器扩展的告警接点示意图。

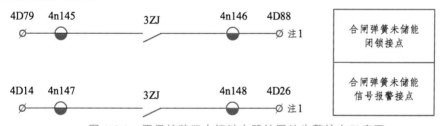

图 1.5.4 原保护装置中间继电器扩展的告警接点示意图

2009 年新增 220 kV B 套母线保护后，将该中间继电器 3ZJ 改为扩展启动母差失灵保护。如图 1.5.5 所示为母线改造后保护装置中间继电器扩展的告警节点示意图。

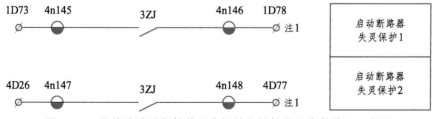

图 1.5.5 母线改造后保护装置中间继电器扩展的告警接点示意图

开关未储能告警接点采用开关场的断路器本体中间继电器 SPX 扩展的 SPX 接点用作告警接点。设计改造时，未考虑该告警信号来自开关场，公共端应采用 110 V 强电开入，测控装置图纸未做相应改动，仍沿用公共端 24 V 弱电开入。供电局调试验收时，未发现弹簧未储能无法告警的缺陷。

2013 年该线 209 断路器 C 相出现无法储能缺陷，检查发现缺陷原因为弹簧储能继电器问题，更换 88M 继电器后，储能正常。但更换继电器后未进行相关的功能和性能试验，未发现无法告警的缺陷。

5.3　故障原因分析

（1）该线由于外力破坏跳闸，B 相弹簧储能中间继电器 SPX 运行年限较长，继电器动作时存在卡塞现象，B 相断路器在重合后未储能，导致该线 209 断路器强送不成功被迫非计划停运。

（2）断路器弹簧未储能信号接线错误，后台监控未发出弹簧未储能信号。

（3）该线第一次强送不成功后，变电运行人员在对现场未进行全面检查、未等相关检修班组查明具体原因情况下就汇报调度该线 209 断路器可以强送。

（4）调度人员在未查明保护三相不一致动作原因的情况下，下令强送该线 209 断路器。

6 110 kV 瓷柱式断路器操动机构分闸掣子松动

6.1 故障情况说明

6.1.1 故障过程描述

2016 年 6 月，某变电站 110 kV 135 断路器因线路故障，接地距离Ⅱ段保护动作出口跳闸并重合成功。8 s 后接地距离Ⅱ段保护再次动作出口跳 135 断路器，重合后因故障未消除，后加速出口动作跳开 135 断路器，但断路器拒分，导致越级到 110 kVⅠ母的母差保护出口跳 110 断路器，110 kVⅠ母失压。

6.1.2 故障设备信息

故障设备为西安西开高压电气股份有限公司产品，型号为 LW25-126（145），2002 年 6 月出厂，2002 年 10 月投运。

6.2 故障检查情况

6.2.1 现场检查情况

故障发生后，运行值班人员迅速赶到现场，发现 135 断路器在合位。打开 135 断路器机构箱后，发现箱体内有烟雾，并伴随有焦臭味。运行值班人员将 135 断路器机构箱内的操作把手切换至"就地"后，仔细检查发现机构箱内的分闸线圈烧损。运行值班人员在初步确定故障后，迅速手动打跳了 135 断路器。烧损的分闸线圈图片如图 1.6.1、图 1.6.2 和图 1.6.3 所示。

图 1.6.1 烧损的分闸线圈

如图中所示，断路器分闸线圈密封胶烧熔。检查机构的分闸电磁铁装配、转动拐臂、传动轴等无异常。

图 1.6.2　烧损的分闸线圈（侧视图）

图 1.6.3　烧损的分闸线圈（正视图）

6.2.2　试验验证情况

现场检查发现就地分闸按钮烧损，对其现场进行了处置，如图 1.6.4 所示。

图 1.6.4　就地分闸按钮

更换分闸线圈后进行的 135 断路器检查：

（1）更换分闸线圈后，现场对 135 断路器的分闸电磁铁的动作特性进行检查，试验合格。

（2）在分闸电磁铁检查正常后，运行值班人员进行了远方的分、合闸操作，分、合闸正常。

（3）在远方分、合闸正常的基础上，现场模拟当时的线路故障，进行带断路器的"分—重合—分"的传动。第1次传动分闸过程中，分闸电磁铁动作但断路器未可靠分闸。在后8次的模拟过程中，断路器动作正确。

（4）检查人员在厂家技术人员的配合下，检查发现分闸电磁铁相关的配合尺寸出现超差，具体如表1.6.1所示。

表1.6.1　分闸电磁铁的装配要求及现场实测值　　　　　　　　　单位：mm

测量部位	厂家要求值	现场测量值	是否满足要求	误差情况
冲程（F）	2.80～3.20	2.95	是	—
间隙（G）	0.80～1.20	2.55	否	+1.35

具体的示意图如图1.6.5所示。

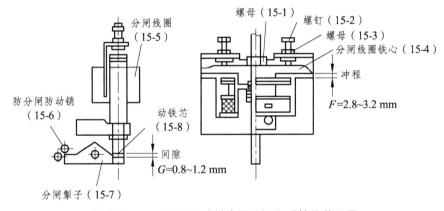

图1.6.5　LW25-126型断路器分闸电磁铁的装配图

分闸电磁铁动作及断路器分闸过程为：分闸线圈带电后，分闸线圈动铁心向左运动，冲击分闸掣子。冲量足够时，分闸掣子动作并带动断路器机构脱扣，断路器分闸。而当分闸线圈动铁心与分闸掣子的间隙过大时，冲量不足时，分闸掣子无法正确可靠动作，从而导致断路器拒分。

（5）现场调整分闸线圈动铁心与分闸掣子的间隙至1.0 mm标准值范围后，再次对分闸电磁铁的动作特性进行检查，试验合格。

（6）现场对二次回路的检查情况：检查分闸回路接触电阻无异常；检查分闸线圈处的电压为187 V，大于南网预规（Q/CSG 114002—2011）规定的65%（143 V）的最低动作电压要求；检查控制回路的绝缘，用1 000 V兆欧表测试绝缘电阻值为 19 MΩ，大于南网预规（Q/CSG 114002—2011）规定的不低于 2 MΩ要求。

（7）在完成上述检查后，现场就地分合试验 5 次，断路器动作正确。模拟线路模拟当时的线路故障进行带断路器 7 次的"分—重合—分"的传动，断路器动作正确。远方遥控分合 2 次，断路器动作正确。

6.3　故障原因分析

在现场检查的基础上，分析造成本次故障的原因为 135 断路器长期运行后，机构内分闸线圈动铁心与分闸掣子的紧固件松动，造成间隙超过标准值 1.35 mm，为标准值的 2.125 倍，导致分闸线圈动铁心在分闸过程中冲量不足，分闸掣子无法正确可靠动作，分闸线圈长时间带电后烧损，并最终导致 135 断路器拒分。

7 110 kV GIS 断路器操动机构分闸电磁铁紧固螺栓松动

7.1 故障情况说明

7.1.1 故障前运行方式

2016 年 6 月，220 kV A 站地区雷雨天气，24～34 ℃。

110 kV#1 母线、#2A 母线和#2B 母线并列运行，110 kV 甲、乙两线运行于 110 kV#2A 母线。

7.1.2 故障过程描述

6 月 9 日 17 时 12 分，220 kV A 站 110 kV 甲线线路瞬时故障造成分相差动、接地距离Ⅱ段、零序Ⅱ段出口，开关未动作分闸。220 kV B 站 110 kV 乙线零序过流Ⅱ段动作跳开 1154 开关；A 站#1 主变高压侧零序过流Ⅰ段 1 时限保护动作出口跳开 110 kV#1 母、#2A 母母联 1112 开关，110 kV#2A 母、#2B 母分段 1123 开关，110 kV#1 母、#2B 母母联 1113 开关。一段时间后 B 站 110 kV 乙线重合闸动作成功，未造成 A 站 110 kV 母线停运。21 时 10 分停电对 110 kV 甲线进行检查发现分闸电磁铁因紧固不到位发生倾斜，更换分闸线圈及固定分闸电磁铁，并完成传动试验后，于 23 时 10 分恢复甲线送电。

7.1.3 故障设备信息

故障设备为河南平高电气股份有限公司产品，型号为 ZF12-126，2014 年 11 月出厂，2015 年 11 月投运。

7.2 故障检查情况

1. 设备检查情况

现场检查发现 110 kV 甲线机构箱内主分闸线圈烧毁，副分闸线圈因为未接线未损坏，只配备了一套保护装置，分闸电磁铁固定螺栓未紧固到位发生倾斜，同时发现固定储能指示牌的 2 枚螺栓中 1 枚松动、1 枚未安装（见图 1.7.1～1.7.5）。

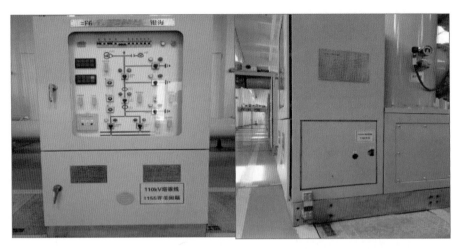

图 1.7.1　机构箱外观图

图 1.7.2　机构箱内部图

图 1.7.3　主分闸线圈烧毁图

向下倾斜　　　　　　　电磁铁紧固螺孔　撞杆　分闸锁门

图 1.7.4　分闸电磁铁倾斜示意图（未记录倾斜图片，只能以示意图表示）

图 1.7.5　储能指示牌检查情况

2．断路器动作及试验情况

（1）该开关自投运后共动作分闸 16 次，故障前最后一次分闸时间为 2015 年 12 月 17 日。

（2）查询现场交接试验记录，开关低电压动作试验结果为合格，但是合闸线圈动作电压试验标准选择错误，说明现场交接试验不严谨。

3．机构装配检查情况

要求厂家自查装配出错原因，平高厂的答复如下："原因可能是我公司服务人员在现场进行产品调试或检修时，螺栓未紧固到位，缺少必要的点检所造成。"

4．状态评价及运维情况

A 站投运时间为 2015 年 11 月 12 日，省公司设备部于 2015 年 12 月组织开展设备状态评价，甲线断路器管控级别为Ⅲ级，按照运维策略每年开展 1 次专业巡视，今年 3 月份某地保供电前开展 1 次 C2 专业巡维，记录为"正常"。

5．隐患排查情况

当天完成 220 kV A 站平高产的 110 kV GIS 各间隔断路器操作机构分、合电磁铁紧固螺栓紧固情况检查，没有发现类似情况，基本排除批次问题，应属个案。

7.3　故障原因分析

综合现场检查情况分析，本次故障原因为：由于平高厂内装配质量和出厂质检把关不严，110 kV 甲线开关分闸电磁铁紧固螺栓未紧固到位，在新设备投运过程中调试及操作多次震动逐渐加大松动，分闸电磁铁发生倾斜，造成撞杆与分闸锁闩间隙大于（0.9±0.1）行程，在本次线路故障保护动作出口时，分闸电磁铁撞杆未能有效顶开分闸锁闩开关拒动，引发#1 主变高压侧零序过流保护动作越级跳闸事件，分闸线圈因长时间电烧毁，如图 1.7.6 所示。

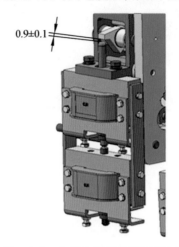

图 1.7.6　分闸电磁铁装配示意图

8 220 kV 瓷柱式断路器操动机构分闸线圈拉环变形

8.1　故障情况说明

8.1.1　故障前运行方式

故障前 220 kV SG 站 220 kV 母联、110 kV 母联、开关均在合位。#3 主变变高中性点地刀，#3 主变变中中性点地刀在合位。

8.1.2　故障过程描述

110 kV SM 线线路 82 号塔 A 相绝缘子受鸟粪、雨天影响，发生闪络，引起单相接地故障，而 MS 线 1275 开关延迟分闸，未能及时切除故障，导致#3 主变变中零序与接地保护动作，切除主变三侧开关。

8.1.3　故障设备信息

故障断路器为北京 ABB 产品，型号为 LTB245D1/B，2017 年 5 月出厂，2017 年 12 月投运。

8.2　故障设备检查情况

8.2.1　外观检查情况

检查#3 主变本体，没有发现异常现象。对该线 1275 开关机构的外观进行检查，没有发现机构传动部件有锈蚀或裂纹情况，机构箱内无烧焦的煳味，机构箱底部无异物，但分闸线圈 1 拉环变形，如图 1.8.1 所示。

该线开关存在两个分闸回路，分别记为分闸回路 1 和分闸回路 2，分别使用分闸线圈 1（图 1.8.1 红色虚线框）和分闸线圈 2（图 1.8.1 蓝色虚线框）带动分闸触发器。1275 开关接分闸线圈 1 回路运行，下面主要针对分闸线圈 1 进行检查与分析。

图 1.8.1　机构箱内部情况

对该线路 1275 开关分闸回路 1 的分闸线圈 1 进行检查。发现分闸线圈 1 拉环变形，如图 1.8.2（a）所示，正常拉环如图 1.8.2（b）所示。从机构整体来看，没有可以直接与分闸线圈 1 拉环相接触的物体。

（a）变形的线圈 1 拉环　　　　　　（b）正常的线圈 1 拉环

图 1.8.2　分闸线圈 1 外观

8.2.2　试验验证

1275 开关发生故障后，对分闸线圈 1 进行动作电压试验，发现分闸线圈 1 的在低动作电压 65% 额定电压时不能可靠分闸，试验结果不合格，如表 1.8.1 所示。

故障后，进行机械特性试验，试验结果如表 1.8.2 所示。由表 1.8.2 可见，合闸时间合格。使用分闸线圈 1 时，开关分闸时间不合格，超出厂家标准要求。使用分闸线圈 2 时，开关分闸时间合格，说明此时机构本体应不存在卡涩问题。

表 1.8.1 分、合闸电磁铁动作电压（故障后）

65%额定电压（72 V）	80%额定电压时（88 V）	试验结论
不能可靠分闸	试验三次正确动作	不合格

表 1.8.2 机械特性试验（故障后）

	合闸时间/ms	分闸 1 时间/ms	分闸 2 时间/ms	合闸速度/（m/s）	分闸速度/（m/s）
A	61.2	50.9	35.9		
B	58.6	51.3	36.3	1.7	2.1
C	59.9	52	37		
厂家标准	≤75	35～45	35～45	1.7～2.0	2.0～2.5
结论	合格	不合格	合格	合格	合格
同期差/ms	2.6	1.1	1.1	—	—
同期要求	≤5	≤3	≤3	—	—
结论	合格	合格	合格	—	—

8.2.3 解体检查

对分闸线圈及其所在分闸掣子模块进行拆解。检查分闸线圈 1，分闸线圈 1 的拉环可以正常转动，拉环表面没有明显划伤或磨损痕迹。从如图 1.8.3 所示的角度看，拉环为顺时针扭转变形。游标卡尺测量拉环底部到线圈环形距离约为 30.4 mm（设计标准为 32.5 mm，但可能为满足低电压动作特性而进行调节），拉环最宽处约为 20.3 mm（设计标准为 18.0 mm），如图 1.8.3 所示。这意味着分闸线圈 1 拉环的行程变短，可以传递给红色转动拉杆的冲量减小。

 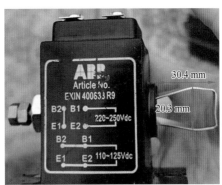

图 1.8.3 缺陷分闸线圈 1 外形

检查各个螺母的力矩标记线，发现底部螺栓的力矩线没有移动痕迹，中心轴顶部螺母未见明显的力矩线标记，顶端螺母疑似存在力矩线标记，但与之相连的螺母没有明显的力矩线标记，如图 1.8.4 所示。对比分闸线圈 1 的备品，两个位置均有力矩标记线，如图 1.8.5 所示，说明缺陷分闸线圈 1 拉环的行程可能曾被调整。

图 1.8.4　缺陷分闸线圈 1 及其拉环

图 1.8.5　分闸线圈 1 备品

检查红色的分闸触发器转动拉杆，发现拉杆底部和右侧面存在磨痕，磨痕存在一定的锈蚀情况，划痕倾斜，并偏向一侧，与拉环倾斜角度一致，应为变形后的分闸线圈拉环摩擦所致，如图 1.8.6 所示。

图 1.8.6　分闸触发器拉杆磨痕

手动活动分闸触发器、分闸掣子和分闸线圈 1 拉环，均动作灵活，无卡涩。分闸掣子与分闸触发器相接触的滚轮没有卡涩或异常磨损痕迹，如图 1.8.7 所示。

分闸触发器与分闸掣子
接触滚轮相接位置

图 1.8.7　分闸掣子模块相关图片

8.3　故障原因分析

该站#3 主变跳闸的直接原因为：该线路 82 号塔 A 相绝缘子受鸟粪、雨天影响，发生闪络，引起单相接地故障，而 1275 开关延迟分闸，未能及时切除故障，导致#3 主变变中零序与接地保护动作，切除主变三侧开关。

1275 开关延迟分闸根本原因是分闸线圈 1 拉环变形，作用于分闸触发器转动拉杆的力矩减小，开关分闸性能下降。根据对分闸线圈 1 的现场检查情况判断，分闸线圈 1 拉环变形的原因是：在工厂装配或现场安装阶段，调节分闸线圈 1 拉环行程方法不当，造成拉环扭转变形。

8.4　应采取的措施

对北京 ABB 公司 LTB145D1/B 型断路器（配 FSA1 型机构）的分闸线圈 1 及其拉环进行检查，如有发现拉环变形或拉环歪斜等情况，及时更换分闸线圈 1。

9 500 kV 瓷柱式断路器操动机构轴承异常

9.1 故障情况说明

9.1.1 故障过程描述

因某线路直流功率调节，无功控制要求切除 563 交流滤波器；SER 显示 563 断路器 A、C 相断开，B 相未断开，本体三相不一致动作、保护三相不一致动作，之后保护零序过流 I 段动作，同时失灵保护动作跳开 561、562、564 开关及 500 kV 第二大组交流滤波器大组 5041、5042 开关，561、562、563、564 小组滤波器自动切至"非选择状态"。跳闸前某线路直流功率为 5 800 MW，未造成直流功率损失。

9.1.2 故障设备信息

故障断路器为杭州西门子产品，型号为 3AP2 FI，2012 年出厂，2013 年投运。

9.2 故障设备检查情况

9.2.1 外观检查

跳闸后现场检查开关 A 相、C 相在分位，B 相在合位，三相开关弹簧储能、SF$_6$ 压力正常。开关控制柜内第一路三相强迫动作继电器 K61，第二路三相强迫动作继电器 K63 动作。

进一步检查开关 B 相机构箱内部无金属碎屑、脱落螺丝等异物；分合闸线圈安装稳固无松动，端子无松动。发现 B 相机构分闸 1 回路线圈限压保护电阻 R47LB、分闸 2 回路线圈限压保护电阻 R48LB 本体明显烧损，电阻附近有高温灼烫感，对比 A、C 相明显异常；测量分闸 1、分闸 2 线圈电阻阻值无穷大，手动按压分闸线圈顶杆未动作；测量过压保护电阻 R47LB、R48LB 阻值分别是 0.981 kΩ、0.974 kΩ，无明显变化，表面明显烧损。

9.2.2 解体检查

拆除分闸线圈后，手动可推动分闸掣子的杠杆，推动杠杆后棘爪杠杆可灵活动作，但分闸棘爪仍无法脱扣，机构未分闸。拆除分闸掣子后，机构自动分闸，确认机构内部故障。初步判断分闸棘爪与分闸掣子配合异常，具体原因待后续返厂后分析，如图1.9.1和图1.9.2所示。

图1.9.1　B相分闸1、分闸2线圈限压保护电阻烧损（左）及正常电阻（右）

图1.9.2　B相分闸线圈（左）、储能（中）、凸轮位置（右）状态

9.2.3 返厂检修情况

返厂后重点检查机构分闸脱扣器、分闸平衡杠杆、分闸棘爪等关键部件，情况如下：

（1）分闸脱扣器顶舌表面存在一道贯穿工作区域的异常压痕，压痕长度约4 mm，以手触摸无明显凹凸感。

（2）操作机构内部存在细条状铝丝异物。

（3）分闸平衡杠杆滚轴两端轴承套品牌不一致，一侧有INA标识，另一侧无标识，检查轴承套内部滚针无缺失、无破损；滚轴表面存在小磕碰。

（4）分闸棘爪与分闸平衡杠杆接触表面存在磨损，最大凹陷深度0.093 mm，目视该磨损程度轻于同型号（FA5）机构 10 000 次操作试验后（未出现拒分）分闸棘爪接触表面的磨损程度。

（5）测量分闸棘爪、分闸平衡杠杆、分闸脱扣器顶舌等关键零部件的外形尺寸、同心度、投影轮廓及三坐标轮廓度均满足技术图纸要求，机构内部润滑脂无干涸现象，各传动零部件本身无卡涩。

9.3　故障原因分析

综合断路器现场及厂内解体检查情况，机构分闸异常的原因如下：

（1）分闸脱扣器顶舌与分闸平衡杠杆滚轴由正常脱扣时的滚动摩擦变为滑动摩擦，摩擦力的增大导致顶舌驱动力矩小于阻挡力矩，顶舌无法动作，断路器无法正常分闸。

（2）滚动摩擦变为滑动摩擦的主要原因是分闸平衡杠杆的轴承套差异导致滚轴的轴线偏移，一定概率下可能导致滚轴卡涩。

10 220 kV 瓷柱式断路器操动机构行程开关异常

10.1　故障情况说明

10.1.1　故障前设备运行状况

2020 年 6 月，220 kV CJ 站地区雷雨天气。1 号主变、2 号主变在运行状态，220 kV YC Ⅰ线运行在 220 kV Ⅰ段母线上，220 kV YC Ⅱ线运行在 220 kV Ⅱ段母线上，220 kV 母联 2012 开关合环运行。

10.1.2　故障过程描述

6 月 7 日 9 时 03 分，该线路 B 相接地故障，故障电流 11.19 A，故障测距 29.25 km，2056 开关主保护动作，跳开 B 相开关，重合闸出口，重合不成功；开关"本体三相不一致"动作跳开 AC 两相，报"控制回路断线"；2056 开关 B 相合闸回路及储能信号回路不通，对其进行测试处理并无异常，经后台多次遥控分合，2056 开关动作正常，各信号无异常，该线 2056 开关恢复运行。

10.1.3　故障设备信息

故障断路器为西安西电高压开关有限责任公司产品，型号为 LW25-252，2009 年出厂，2010 年投运。

10.2　设备故障检查情况

对 2056 开关进行电气回路及机械部分检查，机械传动部位无卡涩，无位移，各连杆拐臂动作正常。测量 A、B、C 三相回路通断时，发现开关 B 相合闸回路不通，通过现场查找，确认串在合闸回路的储能到位行程开关接点（SP2）不通，导致 B 相开关无法合闸。检查 B 相信号回路发现行程开关（SP1）信号接点不通，导致发 B 相弹簧未储能信号。对 2056 开关行程开关 SP1、SP2 更换后，开展三相分、合、储能回路遥测绝缘、低电压动作及后台遥控分合均正常。

10.3 故障原因分析

2056 开关报弹簧未储能信号是由于串接在信号回路的行程开关（SP1）不通，造成 SPX 继电器不励磁。

2056 开关报控制回路断线是由于串接在 B 相断路器合闸回路中的行程开关（SP2）的常开接点在开关储能完毕后未接通造成，从而导致 B 相开关最终重合不成功。

行程开关（SP1、SP2）运行过程中长期处于受压未动作状态，产生机械疲劳，动作接点不易复归，在 2056 开关 B 相储能后因（SP1、SP2）接点未复归，造成开关 B 相合闸回路及储能信号回路不通，从而导致此次设备故障的发生，如图 1.10.1 所示。

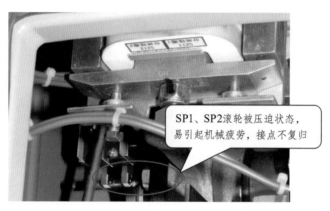

SP1、SP2滚轮被压迫状态，易引起机械疲劳，接点不复归

图 1.10.1　SP1、SP2 滚轮图

变电站运行值班员对后台信息与实际不符的缺陷理解和分析判断不足，没有意识到设备缺陷所引发后果的严重性；现场处理缺陷的人员技能水平及责任心不强，风险意识不足。检修人员对设备控制回路原理不够熟悉，现场分析和处理故障能力不足；日常工作中管理人员只重视紧急、重大缺陷，对班组上报的一般缺陷不够重视，没有及时跟踪分析此类信号与实际不对应的缺陷，对设备缺陷所引发的后果不够重视，对设备风险引发电网风险的敏感性不强。

11 110 kV 瓷柱式断路器操动机构接线端子锈蚀

11.1 故障情况说明

11.1.1 故障前运行方式

2020 年 7 月，220 kV RX 站地区大雨。220 kV 母联 2012 开关在运行状态，220 kV Ⅰ、Ⅱ段母线并列运行；110 kV 母联（分段）100 开关在运行状态，110 kV Ⅰ、Ⅱ段母线并列运行；10 kV 母联（分段）900 开关在热备用状态，10 kV Ⅰ、Ⅱ段母线分列运行，10 kV 备自投投入。

11.1.2 故障过程描述

7 月 30 日 6 时 10 分，某线 116 开关发生单相接地故障，零序过流Ⅱ段保护，距离Ⅰ段保护，重合闸动作，重合不成功，110 kV 某站 110 kV 备自投动作断开该线 105 开关，合上 110 kV 分段 100 开关。

11.1.3 故障设备信息

故障设备为西安西电高压开关有限责任公司产品，型号为 LW25-126，2008 年出厂，2009 年投运。

11.2 故障设备检查情况

变电检修班人员对 116 间隔二次设备进行检查测量二次回路情况，检查发现断路器机构箱端子排上的一对合闸回路接点因产生铜绿及端子螺丝紧固不良，导致 116 断路器发控制回路断线缺陷。经打磨紧固，测试断路器低电压合闸电压为 96 V，试验合格。

11.3 故障原因分析

（1）直接原因是该线#07 塔 B 相绝缘子雷击闪络，116 开关发生单相接地故障，零序过流Ⅱ段保护、距离Ⅰ段保护动作，导致开关跳闸。重合闸动作，重合不成功。

（2）根本原因是 116 断路器机构箱端子排上一对合闸回路接点因产生铜绿、端子螺丝紧固不良，导致 116 开关发控制回路断线缺陷。

11.4　应采取的措施

（1）更换该站 116 开关机构箱端子排铜绿接点。

（2）结合日常巡视、检修班组结合预试定检，重点对 110 kV 及以上开关机构箱端子排上的合闸回路接点进行检查，发现有锈蚀或铜绿的，及时申请处理。

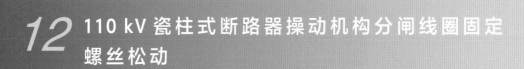

12 110 kV 瓷柱式断路器操动机构分闸线圈固定螺丝松动

12.1　故障情况说明

12.1.1　故障前运行方式

2020 年 3 月，110 kV BQ 站地区晴，气温 25 ~ 28 ℃。该站 110 kV 甲线、110 kV 乙线运行于 I 母，110 kV 丙线运行于 II 母，110 kV 母联开关运行。

12.1.2　故障过程描述

3 月 16 日 14 时 17 分，220 kV LB 站与该站 110 kV LB 线差动保护三跳出口，该站 110 kV LB 线差动保护三跳失败，差动永跳出口、相间距离 II 段出口，距离保护三跳失败，距离保护永跳出口。220 kV XA 站 110 kV XQ 线距离 III 段动作、110 kV JS 站 110 kV JL 线距离 III 段动作。220 kV LB 站 110 kV LB 线重合闸（检无压 3s）动作。

12.1.3　故障设备信息

故障设备为河南平高电气股份有限公司产品，型号为 LW35-126W。2007年 5 月出厂，2008 年 2 月投运。

12.2　故障设备检查情况

110 kV LB 线开关机构外观检查正常，开关合位，跳闸线圈烧黑且有胶臭味。
打开机构外护板后发现跳闸线圈固定片 2 颗固定螺丝松动，跳闸线圈未固定好，测量跳闸线圈电阻为 112.6 Ω，如图 1.12.1 ~ 1.12.5 所示。

图 1.12.1　跳闸线圈固定螺丝松动侧面图

图 1.12.2　跳闸线圈固定螺丝松动正面图

图 1.12.3　测量烧黑线圈电阻为 112.6 Ω

图 1.12.4 跳闸部件图（分位状态）

线圈带电后励磁，磁力将动衔铁向上吸，动衔铁推动顶杆撞击跳闸脱扣联板，联板脱扣后在分闸弹簧的作用下使开关动触头向下运动完成分闸动作。

图 1.12.5 跳闸部件图（合位状态）

跳闸衔铁顶杆与跳闸脱扣联板间隙约 1.5 mm。

12.3 故障原因分析

（1）现场检查发现 110 kV 甲线分闸线圈两颗固定螺丝松动。在固定螺丝松动的情况下进行开关传动，开关有三次出现拒动。紧固固定螺丝后进行三次开关传动，并对该线圈进行低电压测试，开关均能可靠跳闸。综合一、二次检查情况和模拟试验，初步分析可知：该线跳闸线圈固定螺丝松动造成开关跳闸不可靠，导致差动保护出口后开关拒动，如图 1.12.6 所示。

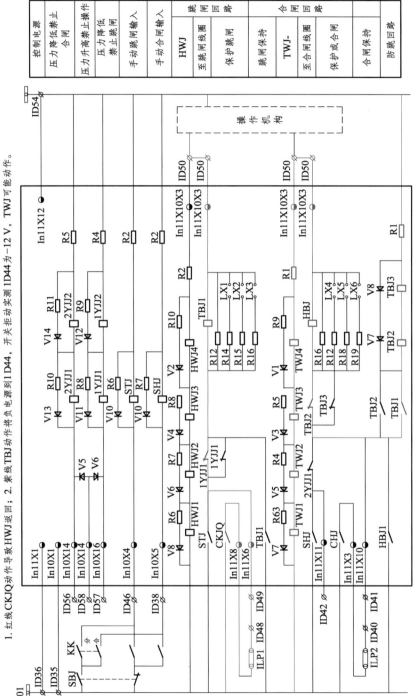

图 1.12.6　电路原理图

（2）从图 1.12.7 可以看出跳闸回路动作后将由 TBJ1 保持，若开关正常跳闸，跳闸回路将由开关常开辅助接点断开，若开关拒动，跳闸回路将一直保持，导致跳闸线圈温度升高，电阻增大，电流减小，造成电流型 TBJ1 返回，常开接点断开，断开跳闸回路。

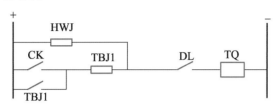

图 1.12.7 跳闸回路示意图

13 110 kV 瓷柱式断路器操动机构复位弹簧老化疲软

13.1 故障情况说明

13.1.1 故障前运行方式

2020 年 08 月，110 kV LW 站地区天气阴，气温 25～28 ℃。该站 110 kV LP 线挂 110 kV 母线（单母线）运行。

13.1.2 故障过程描述

8 月 16 日 4 时 38 分，该线相间距离 I 段保护动作跳闸，重合闸动作，重合成功；6 时 16 分该线相间距离 I 段保护又动作跳闸，重合闸动作，重合不成功，开关合上后瞬时跳开，且重合后保护未动作出口；随后 110 kV 某线强送成功；该地区检修部一、二次人员到站对 1121 开关转检修进行检查，设备故障处理完毕后恢复送电。

13.1.3 故障设备信息

故障设备为河南平高电气股份有限公司产品，型号为 LW35-126W，2003 年 8 月出厂，2004 年 6 月投运。

13.2 故障设备检查情况

13.2.1 外观检查情况

该线 1121 开关间隔开关、刀闸、CT 及避雷器等一次设备外观检查未发现异常，1121 开关的操作机构检查箱内无受潮或锈蚀痕迹，如图 1.13.1 和 1.13.2 所示。

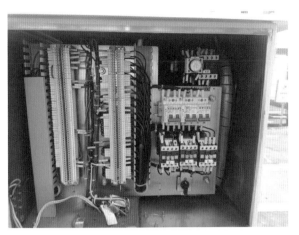

图 1.13.1 开关机构外观检查（1）

图 1.13.2 开关机构外观检查（2）

13.2.2 试验验证

进行 1121 开关进行机械特性检查，第一次低电压动作合闸试验时，开关重现了合闸后自动"分闸"的"合后即分"现象。之后进行了 8 次低电压动作的合闸和分闸试验，均动作正常，却未再出现"合后即分"的异常现象，如图 1.13.3 和 1.13.4 所示。

13.2.3 解体检查

现场进一步对分、合闸机座掣子模块进行解体分析，判断造成此"合分"现象的主要原因如下：

分闸锁闩
复位弹簧

图 1.13.3　分闸状态下的合闸保持掣子　　图 1.13.4　合闸状态下的合闸保持掣子及复位弹簧

（1）合闸保持掣子与其扣接的滚轮间有过多油脂或接触面磨损，导致合闸保持掣子易于脱扣使得开关分闸。从拆解开的保持掣子和滚轮检查，掣子相顶的断面无明显磨损，但断面及滚轮上均存在一些黑色油渍，现场清抹干净处理，如图 1.13.5 和 1.13.6 所示。

图 1.13.5　滚轮接触面残留黑色油脂　　　　图 1.13.6　接触面磨损情况

（2）开关长期在运行状态下，经过多次正常操作分合开关，造成合闸保持掣子的复位弹簧疲软。开关合闸瞬间，该复位弹簧力量不足，掣子不能快速迎合并抵触滚轮，无法保持在合闸状态，造成"合后即分"现象。

13.2.4　故障录波分析

因故障录波装置对时与保护装置存在偏差，以保护装置对时为准。故障录波装置波形检查如下：

4 时 38 分 21 秒，该线保护动作开关跳闸。4 时 38 分 24 秒，开关重合闸动作，开关合上，带负荷电流，如图 1.13.7 和 1.13.8 所示。

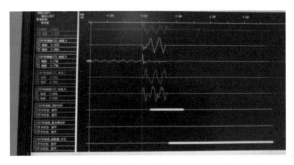

图 1.13.7　故障录波装置录波（4 时 38 分 21 秒）

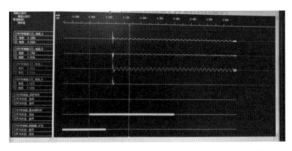

图 1.13.8　故障录波装置录波（4 时 38 分 24 秒）

6 时 16 分 13 秒，该保护动作开关跳闸。6 时 16 分 16 秒，开关重合闸动作，开关合上，负荷电流持续约 30 ms 后开关跳开，负荷电流消失，如图 1.13.9 和 1.13.10 所示。

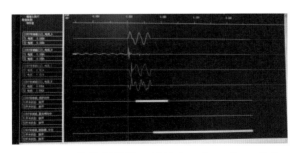

图 1.13.9　故障录波装置录波（6 时 16 分 13 秒）

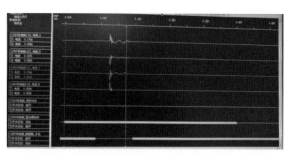

图 1.13.10　故障录波装置录波（6 时 16 分 16 秒）

初步结论：由该线保护动作及开关变位情况分析，保护装置两次重合闸均正确动作，开关均已合上，且保护装置无开关合于故障后保护动作信息，同时结合故障录波发现，在 6 时 16 分第二次重合闸动作之后并未出现二次故障电流，可以判断并非因保护动作导致开关跳闸，而是无法保持开关合闸状态，而出现了"合后即分"现象。

13.3　故障原因分析

结合上述检查分析情况，该线线路故障后，保护正确动作跳闸，重合闸正确动作合闸，因开关机构的合闸保持掣子复位弹簧老化疲软，弹性力不足，导致开关合闸后无法长时间保持，出现"合后即分"现象，开关重合不成功。

14 220 kV 瓷柱式断路器操动机构分闸线圈紧固螺母松动

14.1 故障情况说明

14.1.1 故障过程描述

2020 年 12 月，为处理 QY 站#2B 渗油缺陷，将该主变停电。断开#2B 主变 220 kV 侧 212 断路器时，A 相未分开，随后本体三相不一致保护动作也未能跳开 A 相断路器；#2B 主变 B 套保护公共绕组零序过流 I 段 1 时限动作，跳开#2B 主变高压侧 5013 和 5012 断路器。随后现场完成故障处理，212 断路器投入运行。

14.1.2 故障设备信息

故障设备为河南平高电气股份有限公司产品，型号为 LW10B-252W，2002 年生产，2003 年投运。2016 年该断路器进行了液压机构 A 修，现场更换了液压机构的一、二级阀、油压开关、液压油、部分电气二次元件，并开展了全部 B 修项目。最近一次预试时间为 2020 年 11 月，试验结果正常。

14.2 故障设备检查情况

现场检查 212 断路器 A 相在合闸位置，B、C 相在分闸位置，A 相 SF$_6$ 压力、液压压力正常，机构无渗漏油。检查发现主副分闸线圈均有烧焦痕迹。测量线圈阻值确认线圈已烧损，如图 1.14.1 所示。

图 1.14.1 212 断路器分闸线圈现场检查情况

14.3 故障原因排查

导致机构分闸异常的主要原因为：一是分闸控制回路存在异常（即命令发出到分闸线圈的电气回路），二是机构一级阀油路存在卡涩（即机构内部的油回路），三是分闸线圈顶杆存在卡涩或顶杆与一级阀间的间隙异常（即线圈到机构的机械回路）。现场逐一对上述原因进行排查，如图 1.14.2 ~ 1.14.5 所示。

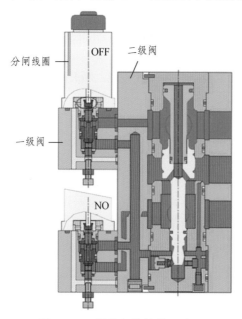

图 1.14.2　操作机构结构示意图

图 1.14.3　分闸线圈外观图

图 1.14.4　分闸线圈拆解情况

图 1.14.5　标识划线后的电磁铁装配

（1）现场对断路器分闸控制回路及本体三相不一致回路的二次元件及其辅助接点进行测量检查，未发现异常。可排除电气回路问题。

（2）在保持机构原始状态不变的情况下，更换损坏的分闸线圈进行远方分合闸操作 3 次，断路器均正常动作；开展分闸速度和同期性测试，分闸速度和三相相间偏差满足厂家说明书和规程要求，说明机构内部油回路无明显异常。

（3）通过逐步调增分闸线圈顶杆与一级阀间的间隙后，故障重现。基本锁定故障在机械回路。

现场在更换新线圈并调整顶杆伸出长度、锁紧紧固螺母后，通过各项机构相关试验，并进行了划线标识。

14.4 故障原因分析

综合现场故障原因排查情况，212 断路器 A 相故障的原因为分闸线圈顶杆与一级阀间隙过大，无法打开液压分闸一级阀，导致断路器 A 相未断开。

对于分闸线圈顶杆与一级阀间的间隙，厂家装配时主要以断路器速度特性测试结果作为判断标准，速度调试完毕后通过锁紧紧固螺母的方式固定顶杆和分闸线圈铁心，并对紧固螺栓进行划线标识（厂家工艺步骤）。212 断路器于 2016 年进行了机构 A 修，对分合闸线圈进行了拆动，本次现场检查发现线圈紧固螺母并未做紧固划线标识。

15 220 kV 瓷柱式断路器操动机构分闸掣子 复位弹簧疲软

15.1 故障情况说明

15.1.1 故障前运行方式

2020 年 3 月，220 kV YS 站内 220 kV 1M、2M 母线在并列运行状态，3M 母线热备用状态；110 kV 1M、2M 母线在并列运行状态，3M 母线热备用状态；10 kV1M、2M 母线在分列运行状态，分段 500 在热备用状态。

15.1.2 故障过程描述

3 月 17 日 1 时 56 分，调度遥控合上该站 220 kV YQ 甲线 2289 开关，A 相开关跳闸，开关本体三相不一致动作，导致该线 2289 开关 B、C 相跳闸。

15.1.3 故障设备信息

故障设备为北京 ABB 高压开关设备有限公司产品，设备型号为 LTB245E1-1P，机构型号为 BLK222，1999 年 4 月出厂，1999 年 8 月投运。该设备最近一次巡视日期为 03 月 13 日，巡视结果正常，未发现新的缺陷。

15.2 故障设备检查情况

15.2.1 外观检查情况

3 月 17 日 5 时 40 分，对 2289 开关进行现场检查，发现该线保护装置无保护动作信息而仅有保护启动信号，操作箱面板位置不对应光字牌亮，后台显示"本体三相不一致动作"光字牌亮。在开关本体发现三相不一致保护动作指示灯亮。保护装置三相不一致动作时间为 1.5 s，但合闸后保护装置流过的零序电流为 0.22 A 左右，未达到该线保护装置不一致零序电流定值 0.6 A，由开关本体三相不一致保护动作进行开关本体及机构外观检查，未发现异常。

15.2.2　机械特性检查

进行开关机械特性检查，各试验数据合格，在第 11 次分合闸测试检查中发现 A 相开关出现合后即分现象，相关数据如表 1.15.1 所示。

表 1.15.1　三相开关测试数据情况

测试项目	A 相	B 相	C 相	标准
合闸线圈电阻/Ω	211.2	210.5	212.4	210（1±10%）
分闸 1 线圈电阻/Ω	211.3	212.1	213.6	210（1±10%）
分闸 2 线圈电阻/Ω	211.3	212.6	211.3	210（1±10%）
合闸时间/ms	27.2	26.1	25.9	＜28
分闸 1 时间/ms	17.6	16.3	16.8	17±2
分闸 2 时间/ms	17.4	16.4	16.9	17±2
合闸速度/（m/s）	7.6	7.8	7.5	7.4～7.8
分闸 1 速度/（m/s）	8.1	8.0	8.2	8.0～8.7
分闸 2 速度/（m/s）	8.2	8.1	8.3	8.0～8.7

更换开关 A 相机构分闸及合闸掣子，更换后测试数据正常，如表 1.15.2 所示。

表 1.15.2　A 相开关测试数据情况

测试项目	A 相	标准
合闸时间/ms	27.2	＜28
分闸 1 时间/ms	17.6	17±2
分闸 2 时间/ms	17.4	17±2
合闸速度/（m/s）	7.6	7.4～7.8
分闸 1 速度/（m/s）	8.1	8.0～8.7
分闸 2 速度/（m/s）	8.2	8.0～8.7

15.3　故障原因分析

综合保护、现场检查结果及厂家意见分析如下：

本次缺陷直接原因是该线 2289 开关 A 相机构分闸掣子复位弹簧弹性疲劳，如图 1.15.1 和图 1.15.2 所示，抗冲击能力减弱。开关合闸后，在分闸拐臂冲击分闸掣子过程中，衔铁振动碰撞锁杆，锁杆运动造成舌片失去闭锁，进而分闸拐臂与分闸掣子失去锁定导致开关合闸未能自保持，引起合后即分，造成开关本体三相不一致保护动作。

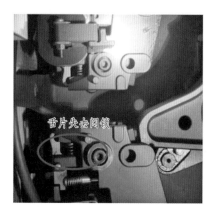

图 1.15.1　分闸掣子现场照片

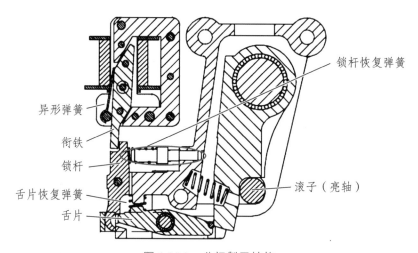

图 1.15.2　分闸掣子结构

16 220 kV GIS 断路器合闸回路端子松动

16.1　故障情况说明

16.1.1　故障过程描述

2020 年 5 月 10 日 16 时 49 分，±800 kV QX 站地区天气为大风雷雨。该站 QG 乙线 B 相跳闸，差动保护动作，自动重合不成功。两套线路保护故障测距分别为 9.25 km 和 9.39 km。5 月 11 日 18 时 20 分，现场检查并紧固端子后 QG 乙线复电。

16.1.2　故障设备信息

故障设备为上海思源高压开关有限公司产品，设备型号为 ZF28-252，2019 年出厂，2019 年投运。继电器为伊顿穆勒电气有限公司产品，型号为 ETR4-11-A。

16.2　故障设备检查情况

开关本体机构外观检查无异常。在线路保护模拟 B 相永久故障，检查保护与一次设备动作状态：B 相单跳重合失败后三跳，三跳后 C 相未合上。检查 4917 开关 A、B、C 三相防跳回路，均正常。

检查 4917 开关现场汇控箱，发现 C 相合闸回路（对应端子号为 CB：32）端子（见图 1.16.2）松动，现场对端子进行紧固。

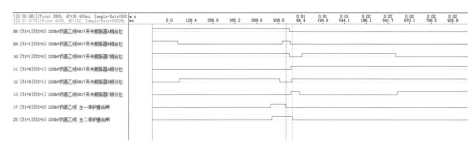

图 1.16.1　4917 开关录波图

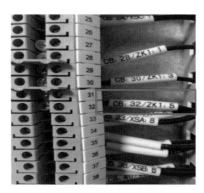

图 1.16.2　C 相合闸回路端子接线

查看录波（见图 1.16.1），主二保护重合闸脉冲在开关重合于故障三相跳开后，仍保持了近 20 ms。A、B、C 相合闸命令分别通过 CB：28，CB：30，CB：32 送入合闸线圈。在 B 相重合后，A、B 相开关辅助接点 DLA、DLB 合上并励磁防跳继电器 FTJA、FTJB，此时 FTJA、FTJB 的常闭辅助接点打开，A、B 相合闸回路断开，开关跳开后未再次合上。但 C 相合闸回路因 CB：32 端子存在松动，可能导致 C 相防跳继电器未励磁或励磁后复归的情况，导致 C 相在开关三跳后因重合闸命令再次合上，最终本体三相不一致保护动作。

16.3　故障原因分析

初步分析故障是 QG 乙线线路故障跳闸后，因 4917 开关 C 相合闸回路中接入开关汇控箱的端子（厂家内部接线端子）松动，造成 C 相防跳继电器失效，导致 C 相在开关三跳后再次合上引起三相不一致动作。

17　220 kV GIS 断路器中间继电器损坏

17.1　故障情况说明

17.1.1　故障过程描述

2020 年 3 月 9 日 15 时，500 kV LH 变电站 220 kV LS Ⅱ线线路发生 B 相接地故障，该线线路主一保护装置差动保护、主二保护装置纵差保护、纵联保护动作，B 相跳闸出口，跳开 275 断路器并启动重合，244 ms 后 275 断路器本体三相不一致保护第一组跳闸动作，跳开本断路器 A、C 两相。

17.1.2　故障设备信息

故障设备为西安西电高压开关有限责任公司产品，设备型号为 ZF9-252，2012 年出厂，2013 年投运。

17.2　故障设备检查情况

将该间隔停电后对断路器本体三相不一致第一、二组时间继电器检查，定值整定显示为 2 000 ms（见图 1.17.1），定值整定正确。

图 1.17.1　本体三相不一致时间继电器

现场将三相不一致第一、二组时间继电器拆下后，使用继保测试仪对第一、二组时间继电器进行校验。分别校验三次，时间分别为：第一组：0.164 5 s、0.156 5 s、0.152 0 s，不满足要求；第二组：2.022 0 s、2.024 0 s、2.019 0 s，满足要求且在误差范围以内（100 ms）。

现场对该线 275 断路器本体三相不一致第一、二组时间继电器 2017 年（上一次定检时间）校验记录进行查询，实测均值为：2.027 0 s、2.026 7 s，满足要求，至本次保护动作期间，该间隔无定检或定值更改工作。

为进一步确认 275 断路器本体三相不一致时间继电器故障的准确时间，调取了该线最近一次（2019 年 6 月 2 日 13：41 跳闸记录）单相接地故障波形。

线路发生 B 相接地故障，主一保护 18.4 ms B 相出口跳闸，1.077 s 重合闸出口；主二保护 16.2 ms B 相出口跳闸，1.081 s 重合闸出口，1.170 s B 相重合成功。通过以上故障动作逻辑分析，可以看出，在 2019 年 6 月 2 日，275 断路器本体三相不一致第一组时间继电器未发生故障，设备运行正常，故障时间应该在 2019 年 6 月 2 日之后。

17.3　故障原因分析

该线线路发生 B 相接地故障，线路主一、主二差动保护动作，B 相跳闸出口后重合闸启动，但因 275 断路器本体三相不一致保护第一组时间继电器损坏，动作时间不满足整定值为 2 s 的要求，约 244 ms 后，275 断路器本体三相不一致保护动作跳开 275 断路器 A、C 相，三相 TWJ 开入，使重合闸放电返回，导致该线 275 断路器重合闸未动作。

18　220 kV GIS 断路器时间继电器定值不合格

18.1　故障情况说明

18.1.1　故障过程描述

2020 年 3 月 27 日 00 时 27 分，220 kV HN 站 220 kV HJ Ⅱ 线线路发生 C 相接地故障，该线线路主一保护装置电流差动保护、主二保护装置电流差动保护、载波纵联距离保护和载波纵联零序保护动作，C 相跳闸出口，跳开 282 断路器 C 相，重合闸未启动（与厂家联系后由于装置较老，无重合闸相关保护信号提示，无法判断实际情况），在相对时间 639 ms 后 282 断路器本体三相不一致保护（未按定值的设定时间跳闸，后台未报相关信息）跳闸动作，跳开本断路器 A、B 两相。

18.1.2　故障设备信息

故障设备为上海思源高压开关有限公司产品，设备型号为 ZF28-252，2013 年出厂，2014 年投运。继电器为伊顿穆勒电气有限公司产品，型号为 ETR4-11-A。

18.2　故障设备检查情况

该间隔停电后对该断路器本体三相不一致第一组时间继电器（见图 1.18.1）检查，定值整定显示为 2 000 ms，定值整定正确，使用继保测试仪对第一、二组时间继电器进行校验。

图 1.18.1　本体三相不一致时间继电器

现场将三相不一致第一、二组时间继电器拆下后进行校验，时间分别为 0.757 4 s，不满足要求；经现场对继电器进行校准后，满足要求且在误差范围以内（100 ms），如图 1.18.2 所示。

图 1.18.2　本体三相不一致时间继电器试验结果

现场对 282 断路器本体三相不一致第一、二组时间继电器校验记录进行查询，该间隔未做过三相不一致保护试验。

18.3　故障原因分析

该线线路发生 C 相接地故障，线路主一保护装置电流差动保护、主二保护装置电流差动保护、载波纵联距离保护和载波纵联零序保护动作，C 相跳闸出口，跳开 282 断路器 C 相，重合闸未启动（与厂家联系后，由于装置较老，无重合闸相关保护信号提示，无法判断实际情况），在相对时间 639 ms 后 282 断路器本体三相不一致保护（未按定值的设定时间跳闸，后台未报相关信息）跳闸动作，跳开本断路器 A、B 两相。本体三相不一致保护时间继电器提前动作是导致本次 282 断路器重合闸未动作的直接原因。

19 220 kV GIS 断路器操动机构合闸线圈损坏

19.1　故障情况说明

19.1.1　故障过程描述

2020 年 5 月 28 日 16 时 52 分，220 kV DG 变电站 220 kV DX II 线发生故障跳闸，重合闸动作不成功；17 时 33 分，该线强送成功。17 时 37 分，遥控用该线 231 断路器同期合环失败，运行人员现场检查后台报文显示：断路器三相不一致动作。

19.1.2　故障设备信息

故障设备为河南平高电气股份有限公司产品，型号为 ZF11-252（L），2007 年 12 月出厂，2008 年 12 月投运。

19.2　故障设备检查情况

19.2.1　外观检查

故障发生后，检修人员对该线 231 断路器三相不一致故障进行检查处理。现场检查发现 231 断路器 A 相操作机构合闸线圈损坏（A 相直流电阻：0.624 MΩ）。

2020 年 6 月 2 日，将 231 断路器 A 相故障合闸线圈及一个正常的合闸线圈（备品）送到电科院进行检测分析。

对 231 断路器 A 相故障合闸线圈和正常合闸线圈进行直流电阻、电感频率响应、匝间绝缘试验和故障线圈的解体检查。

1. 线圈直流电阻测试

对 2 只合闸线圈开展直流电阻测试，如表 1.19.1 所示。

表 1.19.1　直阻电阻测试情况

线圈	电阻值/Ω	规定值/Ω
故障合闸线圈	645 000	242（1±6%）
正常合闸线圈	244.3	242（1±6%）

通过对比 2 只线圈的直阻测试结果：故障线圈的直阻达到 645 kΩ，远高于规定值，初步判断线圈可能存在断线。

2. 线圈频率响应测试

对故障合闸线圈和正常合闸线圈开展频率响应测试，测试结果如图 1.19.1 ~ 1.19.3 所示。

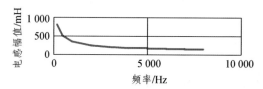

图 1.19.1　正常合闸线圈的频率响应测试曲线图

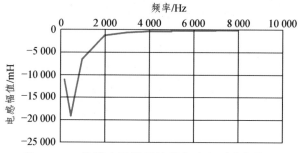

图 1.19.2　故障合闸线圈的频率响应测试曲线图

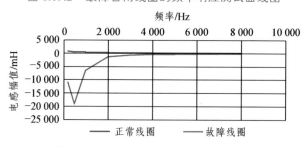

图 1.19.3　频率响应测试曲线对比图

通过分析可知，故障线圈频率响应数值为负数，说明线圈对外呈现容性，即线圈内部存在断线。

3. 匝间绝缘试验

线圈匝间绝缘试验可以考验线圈的匝间绝缘性能，试验中给线圈施加 3 kV 脉冲电压，使线圈在振荡回路中产生自激振荡，将自激振荡的波形与标准波形进行比较，判断线圈的匝间绝缘情况。试验结果如图 1.19.4 和 1.19.5 所示。

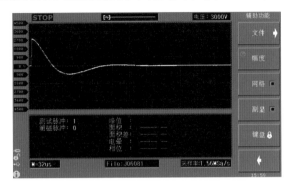

图 1.19.4 正常线圈匝间绝缘试验情况

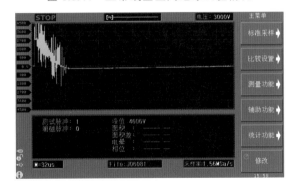

图 1.19.5 故障线圈匝间绝缘试验情况

从匝间绝缘试验结果看，故障线圈的匝间绝缘试验脉冲波形前期出现振荡现象，可能存在匝间绝缘破损或断线。

4. 小结

综上可知，通过直流电阻、电感频率响应及匝间绝缘试验情况，初步判定故障线圈内部存在断线情况。

19.2.2 解体检查

线圈解体检查：对故障合闸线圈进行了解体，解体情况如图 1.19.6 和 1.19.7 所示。

图 1.19.6　故障线圈外壳拆解情况

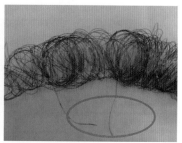

图 1.19.7　故障线圈断线情况

通过解体线圈可得：线圈外壳及端子接线未发现异常；线圈各零部件未发现电烧蚀痕迹，未发现异常；线圈中铜丝存在断线，但未发现匝间绝缘破损痕迹。

19.3　故障原因分析

通过对该变电站 231 断路器故障合闸线圈进行直流电阻、电感频率响应、匝间绝缘试验和解体试验，明确合闸不正确动作的原因为：231 断路器 A 相合闸线圈内部存在断线。

引起线圈断线的可能原因为：线圈自身存在薄弱点或隐患，在现场多次线圈短时通电、断电的冲击电压下发生形变而断线。

20　220 kV GIS 断路器时间继电器损坏

20.1　故障情况说明

20.1.1　故障前运行方式

2020 年 6 月 1 日，±500 kV FN 站地区下雨，气温 23 ℃，220 kV 交流系统：220 kV 202、203、212、234、213、224、255、256、257、258 断路器处运行状态；220 kV Ⅰ、Ⅱ、Ⅲ、Ⅳ组母线处运行状态。

20.1.2　故障过程描述

6 月 1 日 13 时 56 分，该线 258 断路器跳闸。线路主一保护：分相比例差动保护动作，C 跳出口，相关差动动作；主二保护：分相差动动作，C 跳出口，三相不一致出口，重合闸未动作。

20.1.3　故障设备信息

故障设备为上海思源高压开关有限公司产品，型号为 ZF28-252，2016 年出厂和投运。

20.2　故障设备检查情况

1. 现场一次设备检查情况

（1）变电设施：运行人员、检修人员共同对站内一次设备进行检查，GIS 本体、PT、避雷器等一次设备无明显损坏，设备引流线无破损、断股，绝缘子无自爆或明显雷击点。

（2）输电设施：该线#051 塔 C 相小号侧串第 1、7、10、11、12、14 片绝缘子和钢帽有雷击放电烧伤痕迹，如图 1.20.1 所示。

该线#051 塔 C 相小号侧串第 1、7、10、11、12、14 片绝缘子和钢帽因雷击引起单相故障。

图 1.20.1　线路雷击点

2. 258 断路器本体三相不一致时间继电器校验分析

对 258 断路器本体三相不一致时间继电器进行校验时，发现 258 断路器本体三相不一致时间继电器 SJ1 的动作时间为 1 963.3 ms，如图 1.20.2 所示。

图 1.20.2　时间继电器 SJ1 动作时间校验

258 断路器本体三相不一致时间继电器 SJ2 的动作时间为 670.2 ms，测试人员对继电器进行校验时，发现 SJ2 继电器会因轻微抖动，动作时间发生小幅度变动。如图 1.20.3 和 1.20.4 所示。

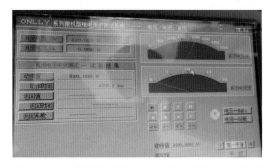

图 1.20.3　时间继电器 SJ2 动作时间第一次校验

图 1.20.4　时间继电器 SJ2 动作时间第二次校验图

判断 258 断路器本体三相不一致时间继电器 SJ2 不合格，动作时间偏离整定定值 2 000 ms，当 258 断路器发生单相故障跳闸时，本体三相不一致保护在未达到时间定值 2 000 ms 前即动作，导致断路器三相跳闸。

通过对动作报文和 258 断路器本体三相不一致时间继电器的校验对比，发现在 258 断路器 C 相跳闸后，经过 959 ms，258 断路器三相不一致动作出口与 258 断路器本体三相不一致时间继电器 SJ2 的动作时间接近。由此断定该线 C 相跳闸后，断路器本体三相不一致动作，重合闸未动作原因为 SJ2 继电器不合格，动作时间偏离设定时间定值，由于单相重合闸时间的整定定值为 1 s，所以重合闸未动作。

更换 258 断路器本体三相不一致时间继电器 SJ2 后，重新校验了继电器 SJ2 的动作时间，校验合格，如图 1.20.5 所示。

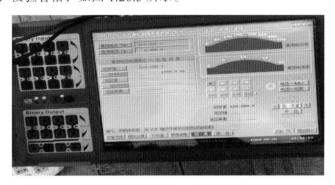

图 1.20.5　更换时间继电器 SJ2 后的动作时间校验图

20.3　故障原因分析

（1）该线（该换流站侧）重合闸启动未动作，258 断路器三相跳闸。

（2）该线 258 断路器本体三相不一致时间继电器 SJ2 动作特性发生变化，

动作时间约为 900 ms，而实际整定定值为 2 000 ms。该线三相不一致动作时间小于线路保护重合闸时间定值 1 000 ms，导致 258 断路器 C 相因单相瞬时故障跳开后，断路器本体三相不一致保护先动作，线路三相跳闸，从而导致重合闸启动但未动作。

20.4　应采取的措施

排查并更换该批次时间继电器，开展三相不一致回路排查，做好三相不一致时间继电器整改工作。

21 220 kV GIS 断路器操动机构一级阀卡涩

21.1 故障情况说明

21.1.1 故障前运行方式

2020 年 12 月，220 kV PT 站母线分母串供，110 kV 分段 100B 开关运行，母联 100 A 甲、100 A 乙开关热备用，110 kV WLGP 线由 WMX 站侧供电，经 PT 站 110 kV 1M 母线供 NPY 乙线、PJL 线，其余间隔挂 PT 站 2M、6M 母线。LY 站 110 kV 母线转分母串供，110 kV LS 线由 SJ 站侧供电，经 LY 站 110 kV 1M 母线供 110 kVLHBX 乙线、YF 乙线，LY 站其他 110 kV 间隔挂 110 kV 2M、6M 母线。110 kVXLPXL 线转 LM 站侧供电，GZ 电厂侧开关热备用。

21.1.2 故障过程描述

12 月 21 日 00:00，GZ 调度进行 220 kV HP 线计划操作，在合上 LP 站侧 220 kV LP 线 2788 开关成功后，操作断开 PT 站 220 kVHP 线 2776 开关时，因该开关 C 相未断开，造成 220 kV XL 甲乙线、PT 线零序保护动作跳闸，LY 站、PT 站 220 kV 母线及 10 kV 母线失压（110 kV 母线部分失压），2 座 110 kV 变电站（HX 站、SYL 站）失压，2 座用户站（110 kV GZ 电厂（机组已退运）、35 kV XC 水厂）失压，损失负荷约 90 MW。

21.1.3 故障设备信息

故障设备为新东北电气集团高压有限公司产品，型号为 ZF6-252-CB，2001 年 8 月出厂，2003 年 12 月投运。最近一次预试工作开展时间为 2018 年 6 月 15 日，试验结果合格。2019 年对该站 10 个 220 kV GIS 设备间隔开展了 X 光探伤检测工作，检测结果未见异常。本年度已开展 3 次特高频局部放电检测，最近一次检测时间为 2020 年 10 月 23 日，检测结果合格。

21.2　故障设备检查情况

21.2.1　外观检查情况

在失压事件发生后，检修试验及运行人员对该站 220 kV GIS 室内一次设备进行外观检查，未发现异常，该线 2776 开关三相均在分闸位置，空气压力表指示正常，压力约为 1.65 MPa，气室 SF$_6$ 气体压力正常，约为 0.53 MPa，如图 1.21.1 ~ 1.21.6 所示。

图 1.21.1　空气压力表

图 1.21.2　开关气室密度继电器

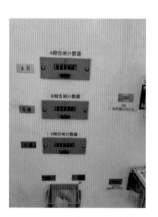

图 1.21.3　开关合闸计数器

图 1.21.4　设备铭牌

图 1.21.5　外观图

图 1.21.6　开关 C 相机构箱内部

现场对该线 2776 开关进行特性测试，在低动作电压 DC 66 V 条件下，开关三相均完成了分闸 1 动作，在低动作电压 DC 176 V 条件下，开关三相均完成了合闸动作，在低动作电压 DC 66 V 条件下，开关 B、C 相完成了分闸 2 动作，A 相未动作，经加压，开关 A 相在 DC 90 V 条件下动作。随后，在全电压（DC 220 V）下，对开关进行多次"分→合闸循环"操作，开关三相均可完成相关动作，但合、分闸时间较凌晨测试结果均有变化，其中，开关 A 相合闸时间降至 80 ms 左右，其他两相变化不大，三相合闸同期不合格；开关三相分闸时间均有所下降，且在多次操作后趋于稳定，但均不合格，测试结果如表 1.21.1 所示。

表 1.21.1　2776 开关测试结果

项目	技术要求	测试结果		
		A 相	B 相	C 相
合闸时间	≤120 ms	79.8	90.4	91.8
相间合闸同期	≤5 ms	12		
分闸 1 时间	≤30 ms	87.5	31.8	452.6
相间分闸同期	≤3 ms	420.8		

21.2.2　解体检查

根据上述检查及测量情况，初步判断该线 2776 开关分闸电磁阀存在缺陷，现场对一级阀及二级阀进行解体，检查发现开关 C 相一级阀内一级阀杆在阀体内存在卡滞，未回弹至正常位置，用手按压后亦不回弹，且拆解后在一级阀杆表面有油渍粘腻感；开关 A 相一级阀内一级阀杆微微弹出，按压后缓慢回弹，拆解后在一级阀杆表面有明显油渍粘腻感；开关 B 相一级阀内一级阀杆弹出高度较为正常，按压后回弹速度较为正常，拆解后在一级阀杆表面有较明显油渍粘腻感。

开关机构电磁阀内部结构图及实物图如图 1.21.7 和 1.21.8 所示，开关 A、B、C 三相一级阀拆解后情况如图 1.21.9 所示。正常情况下，分闸操作时，扣板脱扣打开，一级阀杆在弹簧力作用下动作，高压气体进入二级阀，二级阀动作，高压气体进入主阀，但由于开关三相一级阀杆均存在不同程度卡滞（C 相最为严重），未复归到位，导致一级阀内有内漏现象，在一级阀杆动作后，二级阀输出压力不足，最终造成开关分闸时间延长。

现场对开关三相一、二级阀进行解体清洁后的测试结果如表 1.21.2 所示。

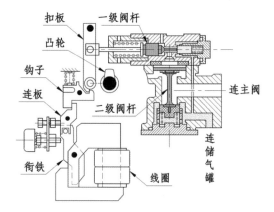

图 1.21.7　电磁阀内部结构图

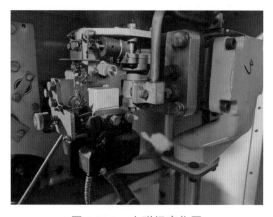

图 1.21.8　电磁阀实物图

图 1.21.9　开关 A、B、C 三相一级阀拆解后情况

表 1.21.2　2776 开关解体清洗一、二级阀后测试结果

项目	技术要求	测试结果		
		A 相	B 相	C 相
合闸时间	≤120 ms	82.2	90.5	92.4
相间合闸同期	≤5 ms	10.2		
第一次分闸时间	≤30 ms	28.3	26.3	25.6
相间分闸同期	≤3 ms	2.7		
第二次分闸时间	≤30 ms	28.2	26.6	26.0
相间分闸同期	≤3 ms	2.2		

21.3　故障原因分析

2776 开关 C 相一级阀内一级阀杆与阀座内积累过多的油渍，导致阀杆与阀座间出现卡滞，无法灵活动作。对一级阀杆及阀座内集结的油渍情况观察发现，判断由于长时间运行，阀杆表面涂抹的润滑脂在气体凝露产生的水分及自然环境的共同作用下挥发并变质，形成黏稠物质，同时空压机运行时也会形成一定量的油气混合气体一并进入阀体内，在长年累月的自然运行环境中发生变质，最终出现上述的问题。

正常情况下，分闸操作时，扣板脱扣打开，一级阀杆在弹簧力作用下动作，高压气体进入二级阀，二级阀动作，高压气体进入主阀。但由于开关三相一级阀杆均存在不同程度卡涩（C 相最为严重），未复归到位，导致一级阀内有内漏现象，在一级阀杆动作后，二级阀输出压力不足，造成开关分闸时间延长，最终导致两相关变电站母线失压。

21.4　应采取的措施

（1）对该站所在电网同厂家、同型号的气动机构进行隐患排查，开展断路器动作特性测试，若不满足要求，应解体检查电磁阀是否存在卡滞、异物等问题。

（2）加强气动机构运维，严格执行《检修试验规程》相关规定。对气动机构一级阀、二级阀的解体检查、清洁工作固化到 B 修作业指导书中，检修试验时重点关注气阀是否存在异常。

（3）对运行时间满 15 年的老旧气动机构、状态评估不良的，可考虑进行机构更换或断路器整体更换。

第 2 章　开关突发短路引发大面积

停电风险的典型故障

1 500 kV HGIS 断路器灭弧室内部击穿故障

1.1 故障前运行方式

故障前，500 kV 某站启动#2 主变投产，由对侧 500 kV 某站通过 500 kV 甲线线路及某站第二串联络 5022 断路器对#2 主变充电。在对#2 主变进行第二次充电，并已带电 8 分钟，准备断开 5022 断路器前发生故障。

1.2 故障情况说明

1.2.1 故障过程描述

2017 年 1 月 10 日下午 13:20，某 550 kV HGIS 5022 间隔断路器合闸对主变进行充电。第一次充电 15 min 后顺利分闸，13:37 第二次合闸充电后，13:47 发现故障电流，5022 断路器自动跳闸，经分析初步判定故障点为 5022C 相断路器。

1 月 11 日，现场对 5022C 相断路器打开后盖进行检查，初步确定 5022C 相断路器发生内部放电故障。

1.2.2 故障设备基本情况

故障设备为新东北电气产品，型号为 ZHW-550，2016 年产，2017 年 1 月投运。

1.3 故障检查情况

1.3.1 外观检查情况

1 月 11 日下午 5 时，对故障设备 5022 断路器（C 相）气室进行开盖检查，发现该断路器气室内均匀分布大量粉尘，其非机构侧静触头屏蔽罩存在放电击穿孔，并在该孔位下方散落部分屏蔽罩壳体碎片。故障部位与保护判断故障位置相符合。初步判断屏蔽罩对壳体放电造成接地故障，如图 2.1.1 所示。

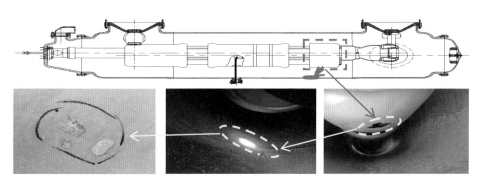

图 2.1.1　外观检查

1.3.2　解体检查情况

（1）确认断路器气室内压力为大气压力。

（2）拆卸断路器液压弹簧机构并进行关键尺寸测量。测量的关键尺寸有：断路器本体分闸尺寸 $A=230.9$ mm，液压弹簧机构分闸尺寸 $B=233.4$ mm。按工艺要求 $B-A=$（2.5 ± 1.5）mm。实测尺寸符合工艺要求，测量过程如图 2.1.2 所示。

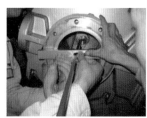

图 2.1.2　测量过程

（3）拆除上方盆式绝缘子、侧面法兰盖板的螺栓及运输绝缘支撑。

（4）拆掉后盖板，使用光源查看罐内情况。罐内壁附有大量白色粉尘，尾部屏蔽罩下方偏左部位有烧蚀的孔洞。罐体内壁相应位置有电弧烧蚀的痕迹，痕迹周围散落有金属熔化飞溅物和金属熔化的碎片。测量放电屏蔽罩到罐体法兰距离为 1 184 mm，罐体放电点到罐体法兰距离为 1 385 mm，屏蔽罩到罐体距离为 207 mm，如图 2.1.3 所示。

（5）查看后，对罐内情况进行拍照，并分别收集放电产生的金属熔渣、金属碎片、白色粉末。

（6）使用工装车将断路器灭弧室单极移出罐体。移出灭弧室单极后，检查屏蔽罩、连接导体及灭弧室外观，屏蔽罩表面光滑（放电屏蔽罩除外）且紧固良好，连接导体、绝缘件外观无异常，螺栓紧固良好，无松动、缺失。

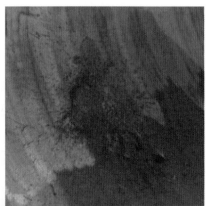
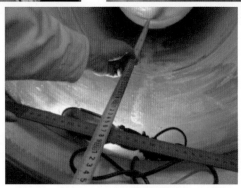

图 2.1.3   罐体内部检查

（7）观察放电屏蔽罩熔洞形状，为不规则圆形，熔洞最大长、宽分别为 90 mm、80 mm。屏蔽罩熔洞中心距离断路器机构侧罐体端面 2 734 mm，7 点钟方向。观察罐体内壁烧蚀痕迹，呈 200 mm×220 mm 的不规则形状，烧蚀痕迹距离断路器机构侧罐体端面 2 734 mm，偏移中心 130 mm。屏蔽罩上熔洞与罐体内壁烧蚀痕迹位置相对应，如图 2.1.4 所示。

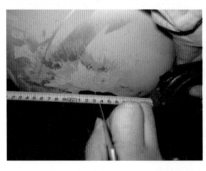
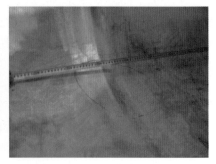

图 2.1.4   屏蔽罩检查

1.3.3　试验验证情况

在罐内粉尘样品中检测出 C 元素，含量 9.46%，其他两类检测样品中仅存在 Al、F、S、Mg、O 等元素。

（1）在屏蔽罩内碎片、罐内粉尘样品中检测出 C 元素，含量分别为 0.46% 及 0.23%，其他两类检测样品中仅存在 Al、F、S、Mg、O 等元素。

（2）5022 断路器（C 相）放电为屏蔽罩对罐体内壁间隙击穿。通过残留物成分检测，残留物内的 Al、F、S、Mg、O 元素可与产生放电的屏蔽罩、罐体、SF_6 相对应，其中 Al、Mg、O 元素源于屏蔽罩和罐体材料的组成成分，F、S 元素源于 SF_6 气体的分解。

（3）两个检测机构均在罐体粉尘中检测出碳元素，但因送检样品质量大小、检测部位等不尽相同，故检出的碳元素含量存在一定差别。同时，故障期间产生的极大能量将异物分解，故屏蔽罩内残留物、罐体附着残留物等未检测出碳元素。

（4）综合断路器其他结构完整、无缺失损坏的情况，排除碳元素来源于断路器内绝缘拉杆、绝缘盆子的可能，分析认为碳元素主要来源于罐体内清洁期间残留的毛发、无毛纸、飞虫等有机外来异物。

1.4　故障原因分析

经解体检查，除放电部位（屏蔽罩和罐体）的烧损痕迹外，其他零部件外观完好、无异常，紧固件无松动、无缺失，各关键尺寸符合产品技术要求。同时，500 kV 断路器电场强度计算结果小于许用场强值，故其绝缘性能安全可靠，并具有足够的裕度。因此排除一次设备自身原因引起的放电击穿故障。此外，断路器现场更换吸附剂未按现场安装要求使用防尘棚以及故障残留物检测出含碳元素，综合分析 500 kV 某站 5022（C 相）断路器罐体在现场进行内部清洁和更换吸附剂过程中带入或滞留了外来异物。该异物的存在破坏了断路器内部均匀电场，最终导致在较低的绝缘电压下击穿放电故障。

1.5　应采取的措施

（1）对于运输期间需临时使用的灭弧室绝缘支撑杆，现场拆卸该支撑杆应在断路器气室微正压状态下进行，防止外部异物进入罐体内。

（2）开盖清洁期间，厂家技术人员未严格按《ZF15-550/ZHW-550 现场安装检验作业过程操作指导书》（OKB.962.003）内控文件要求对需在现场开盖清理的设备单元进行环境条件管控。

（3）现场安装作业指导书有关断路器现场清理的具体操作规程和工艺标准相关要求不明确，未有效指导现场作业人员对罐体清洁、对接等关键工作步骤过程进行全程记录，现场安装作业无追溯性。

（4）在断路器罐体吸附剂更换及清洁工作环节中，有关"带入罐内物品种类及数量"方面无对应记录表单，对于需带入罐内使用的无毛纸、清洁剂、吸尘器管路等工具及物品，未能在作业结束后进行有效清点和确认记录。

2　500 kV HGIS 断路器绝缘拉杆击穿故障

2.1　故障情况说明

2.1.1　故障前运行方式

某 500 kV #1M、#2M 运行，#3 主变、#4 主变、500 kV 甲线、XV 乙线、CB 甲线、CB 乙线运行，#4 主变变高 5051 开关在基建状态（冷备用）。220 kV #5M、#6M、#8M、#9M 运行；220 kV XF 甲线 4877 运行于#5M、XC 乙线 4878 运行于#6M、VC 甲线 4885 运行于#8M、GV 乙线 4886 运行于#9M；#3 主变变中 2203 开关热备用于#5M；分段 2058、2069、母联 2056、2089 开关在运行；分段 2015、2026 开关、GT 甲线 4881、EE 乙线 4882、TY 甲线 4883、EF 乙线 4884、HR 线 4879、FG 线 4880、备用线开关及线路在基建状态（冷备用），#4 主变变中 2204 开关在热备用于#9M。

2.1.2　故障过程描述

2017 年 2 月 28 日 03 时 48 分，某 500 kV 某站#4 主变差动保护动作，跳开联络 5052 开关，变低 304 开关（#4 主变变高 5051 开关因出线套管有缺陷未投产，变中 2204 开关原在热备用），500 kV DF 甲线主Ⅰ、主Ⅱ保护动作，跳开 5053 开关 C 相，重合不成功后三相跳闸，C 相故障，无负荷损失。

2.1.3　故障设备基本情况

故障设备为苏州阿尔斯通高压电气开关有限公司产品，型号为 T155，2016 年 3 月 1 日出厂，2016 年 12 月 15 日投运。

2.2　故障检查情况

2.2.1　外观检查情况

对 500 kV 甲线 5053 开关、第五串联络 5052 开关、#4 主变本体及三侧设备进行检查，对全站避雷器动作情况进行检查，对其他设备也进行检查。检查结果如下：

（1）500 kV 甲线 5053 开关间隔气室气体压力正常，未发现异常。

（2）500 kV 第五串联络 5052 开关间隔，5052 开关 C 相气室气体压力偏高 0.78 MPa，超过额定值 0.75 MPa（20 ℃）（2 月 27 日日常巡视时压力 0.76 MPa），之后故障气室压力逐步回落至 0.76 MPa，设备外观未发现异常；间隔内其他设备未发现异常，如图 2.2.1 所示。

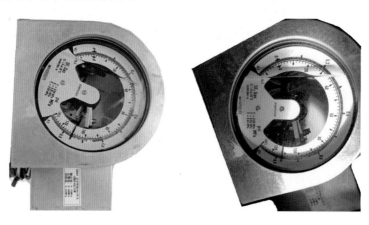

图 2.2.1　气体压力表检查

（3）#4 主变本体及三侧设备间隔未发现异常，充气设备气体压力正常。

（4）对站内其他设备检查也未发现异常，避雷器未动作。

（5）2017 年 2 月 28 日 7 时 44 分，对 500 kV 第五串 HGIS 设备气室进行 SF$_6$ 气体湿度及现场分解产物试验，发现 5052 开关 C 相 SO$_2$：1 762 μL/L，严重超过规程注意值（3 μL/L），5053 开关 C 相 SO$_2$：7.7 μL/L，其他气室试验结果合格。

2.2.2　解体检查情况

该故障断路器返厂解体后发现，绝缘拉杆表面有贯穿性放电烧蚀痕迹，形成一条沿轴向分布的表层开裂带，解体图片如图 2.2.2 所示。

2.3　故障原因分析

发生的起因是 5052 开关 C 相灭弧室的绝缘拉杆存在质量缺陷，导致其贯穿性闪络，引发#4 主变差动保护动作跳开 5052 开关三相。与此同时 DF 甲线主 I、主 II 保护动作，5053 开关 C 相单相跳开，时隔约 1 s 后 5053 开关 C 相重合闸，重合闸不成功后 5053 开关三相跳闸，并引发 5052 开关 C 相靠近 5053 开关侧的断口外部绝缘筒发生沿面闪络。

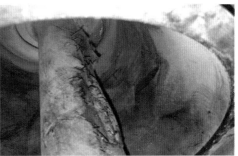

图 2.2.2　解体图片

3 220 kV GIS 母线接头过热故障

3.1 故障情况说明

3.1.1 故障前运行方式

220 kV DF 甲乙线、ER 甲线、RR 线、FD 线、DG 乙线运行供 220 kV 某变电站，220 kV 1M、2M 母线并列运行；#1、#2 主变运行，110 kV 1M、2M 母线并列运行，110 kV 2M、6M 母线联络 10026 刀闸在合闸位置；#1 变中、110 kV FFⅡ线、RT 线、RT 线挂 110 kV 1M 母线运行，10 kV 母联备自投装置投入。110 kV DD 线开关在热备用状态，RTⅠ线开关（由于开关间隔有缺陷）处于冷备用状态。故障发生期间，天气情况：雷雨大风天气，温度介于 28～32 ℃ 范围内。

故障前，220 kV 某站、110 kV 某站、110 kV 某站站内均无施工作业及倒闸操作。

3.1.2 故障过程描述

1 月 25 日 21 时 49 分，该站 220 kV 母线保护 A、B 屏变化量差动跳 Ⅰ 母动作，跳开 220 kV 某 Ⅰ 线 2251、某 Ⅰ 线 2253、某 Ⅰ 线 2255、#1 主变高压侧 2201 及 220 kV 母联 2212，无负荷损失。该站 220 kV 母差保护装置差动保护动作跳 Ⅰ 母所有间隔及远跳对侧变电站开关。其余运行设备方式无变化。

3.1.3 故障设备基本情况

故障设备为河南平高电气股份有限公司产品，型号为 ZF5T-126，2009 年 10 月 1 日出厂，2010 年 4 月 30 日投运。

3.2 故障检查情况

3.2.1 外观检查情况

现场检查某站 110 kVGIS 设备外观无异常情况，但从试验结果发现 110 kV 2M、6M 过渡段母线气室分解产物超标，推断该气室内部曾发生弧光放电，需进行开盖检查，处理缺陷，如图 2.3.1 所示。

图 2.3.1 外观检查情况

3.2.2 解体检查情况

2017 年 7 月 14 日，在该局 220 kV 某站现场，对更换下来的 220 kV 某站 110 kV2M、6M 过渡母线故障气室进行解体检查。本次解体检查过程具体情况如下：

从两侧观察发现气室内积聚了大量放电生成的分解物，且散落各处，在 110 kV#6PT 间隔侧的 B、C 相母线最外侧支撑绝缘子及相间外壳处，发现明显放电痕迹，110 kV 联络 10026 刀闸间隔侧支撑绝缘子、母线导体及外壳内壁只是有放电分解物积聚，未发现其他异常，如图 2.3.2 所示。

放电痕迹

图 2.3.2 内部放电图

分离两段母线后，进一步拆除各相母线隔离开关盆子（上侧连接母线隔离开关、下侧为与母线导体连接的梅花触头），发现 110 kV#6PT 间隔侧 A 相母线插入母线隔离开关盆子梅花触头处存在严重烧蚀，母线触头已部分烧熔，梅花触头处触指及外部屏蔽罩也已烧损变形；B、C 相母线触头及隔离开关盆子梅花触头正常，在 B 相梅花触头屏蔽罩上发现大量电弧喷溅的痕迹，如图 2.3.3 所示。

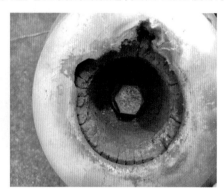

（a）现场触头检查图　　　　　　　　（b）触指烧蚀图

图 2.3.3　触头检查图

进一步拆开 110 kV#6PT 间隔侧各相梅花触头屏蔽罩，发现 A 相梅花触头的一根抱紧弹簧断裂（共两根，作用为给梅花触指提供抱紧力，另外还有两根紧固弹簧，作用为固定梅花触指），B、C 两相触指和弹簧状态良好，未现异常，如图 2.3.4 所示。

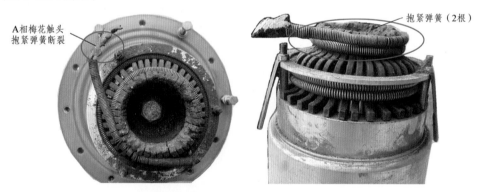

图 2.3.4　触头烧蚀图

3.3　故障原因分析

此次故障的直接原因应为：110 kV 2M、6M 过渡段母线气室靠 110 kV#6PT 间隔侧 A 相母线与隔离开关盆子梅花触头连接处接触不良，过热烧蚀严重，母线触头与梅花触指及外部屏蔽罩部分也已烧熔变形，生成的融溅物及金属蒸汽飘落 A、B 相母线相间，首先在 B 相垂直母线与 A 相母线间发生放电，引起 A、B 相相间短路，继而发展成三相对地短路。

造成 110 kV#6PT 间隔侧 A 相母线与隔离开关盆子梅花触头连接处接触不良的原因初步分析如下：

（1）A 相隔离开关盆子梅花触头与母线导电杆的同心度偏差较大，插入时存在不对中较为严重的情况，使得母线触头与梅花触头接触不均匀，电流局部集中引起触头发热逐渐烧蚀，经过长期运行的不断累积，最终烧熔变形。

该型号设备母线与隔离开关的连接为插入式的非固定连接结构，据了解母线在装配时，首先通过工装和支撑绝缘子将三相母线固定到母线筒内，再装上上侧的隔离开关盆子，使母线插入梅花触头内完成对接。插入后的接触情况仅通过测量回路电阻进行评判，缺乏直接有效检验此处接触及对中情况的手段。

（2）A 相梅花触头抱紧弹簧断裂。解体时发现故障的 A 相存在梅花触头抱紧弹簧断裂了一根的现象，其他相弹簧状态均正常。可能为该弹簧本身存在缺陷，导致施加给 A 相梅花触指的抱紧力不足，引起 A 相梅花触头与母线接触不良，导致回路电阻不断增大持续发热。

3.4　应采取的措施

严格落实 GIS 设备运维、反措工作要求，有关日常巡视、专业巡视、定检、预试、检修工作需执行到位。对 110 kV IM 母线上运行的所有间隔进行带电局放测试；缩短红外测温周期，每月一次。必要时可开展 X 射线检测或回路电阻测量。

4 500 kV GIS 断路器灭弧室绝缘击穿故障

4.1 故障情况说明

4.1.1 故障过程描述

2018 年 06 月 18 日 23 时 51 分，某 A 厂 500 kV 5003 断路器由冷备用转运行操作时，在执行 50032 隔离开关合闸操作过程中，A 厂 500 kV AB 联络线和 #2 母线主一及主二差动保护动作，B 厂 500 kV AB 联络线主一及主二差动保护动作，导致 A 厂侧 5002 断路器及 B 厂侧 5008 断路器跳闸（A 厂 5003、5004 断路器及 B 厂 5007 断路器当时处于分闸状态）。随后 5008 断路器重合，A、B 厂的 500 kV AB 联络线和 A 厂#2 母线再次主一及主二差动保护动作，最后 5008 断路器三相不一致跳闸。

4.1.2 故障设备基本情况

故障设备为 GECAlsthom 产品，型号为 T155，1992 年出厂，1993 年投运。

4.2 故障检查情况

4.2.1 外观检查情况

故障发生后，检查 50032 隔离开关位置显示在正常。通过保护动作信息分析、GIS 设备外观观察等判断故障相别为 C 相，故障点发生在 5003 断路器与#2 母线母差保护 CT 之间。巡查一次设备时发现 50032 隔离开关 C 相气室窥视孔内有白色粉末，检查 5003（5.52 bar，1 bar=10^5 Pa）、50032（3.51 bar）气室压力均正常，如图 2.4.1 所示。

对故障可能涉及的气室进行 SF_6 气体测试，试验结果如表 4.1 所示，50032 隔离开关及 5003 断路器 C 相气室 SO_2、H_2S 含量超标（南方电网检修试验规程标准：断路器气室 $SO_2 \leq 3$ μL/L，$H_2S \leq 2$ μL/L，CO≤300 μL/L，其他气室 $SO_2 \leq 1$ μL/L，$H_2S \leq 1$ μL/L，CO≤300 μL/L），5003 断路器 C 相气室微水超标（南方电网检修试验规程标准：断路器气室≤300 μL/L，其他气室≤1 000 μL/L）。对避雷器计数器进行检查，故障前后避雷器动作次数无变化。

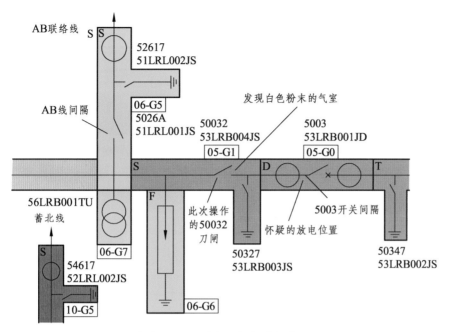

（a）5003 开关间隔疑似放电位置

（b）50032 隔离开关 C 相气室窥视孔

图 2.4.1　现场检查图

4.2.2　解体检查情况

12 月 13 日对 5003 断路器 C 相气室进行解体,发现 5003 开关 C 相与 50032 刀闸 C 相连接侧的外屏蔽罩上存在烧穿孔洞,5003 开关下法兰拔口焊缝附近的罐体内壁存在两处明显的电弧灼伤点。靠近外屏蔽罩烧穿孔洞处的内均压球存在多处明显灼伤,与该压球灼伤点相邻的两根绝缘杆(绝缘支撑杆及绝缘拉杆)内表面及外侧存在明显烧伤,其中一根绝缘支撑杆灼伤痕迹贯穿至底部金属固定件，另外一根绝缘拉杆局部烧损，未贯穿。灭弧室动静触头、弧触头、喷口、均压电容等部件外观检查未发现异常，如图 2.4.2 所示。

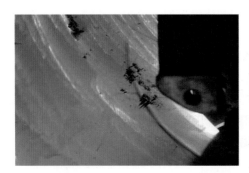

图 2.4.2　现场检查情况图

4.2.3　试验验证情况

对同型号的密封圈进行红外光谱分析、SEM 扫描电镜和 EDS 能谱分析，结果表明其存在轻微老化；对密封圈切片进行截面分析及压缩永久变形率估算，发现其轻微永久变形，但形变量可满足应力要求，未影响密封效果。

对吸附剂进行 EDS 能谱分析，其元素组成中含有钠、镁、铝、硅、钾、钙、铁等金属元素。

对绝缘板进行外观尺寸检测及 X 射线探伤检测，发现靠近屏蔽罩放电孔洞的绝缘支撑板三个表面均有电弧烧蚀痕迹，表层碳化严重，烧蚀深度约 0.6 mm；与该绝缘支撑板相邻的绝缘拉板三个表面受电弧或高温影响，漆层碳化，烧蚀深度小于 0.1 mm；其余两个绝缘杆未发现烧蚀痕迹。对四只绝缘杆试品进行 X 射线探伤检测，未发现异常，如图 2.4.3 所示。

图 2.4.3　电弧烧蚀图

4.3　故障原因分析

综合以上分析，结合现场断路器内部解体情况以及保护录波图，5003 断路器放电过程如下：故障设备运行 25 年，未进行大修和气体更换，断路器在多年操作中产生的电弧分解物导致绝缘性能降低。隔离开关合闸过程中产生 VFTO 过电压，过电压引起断路器内表面场强裕度较低的外屏蔽罩与罐体内壁法兰拔口焊缝之间产生电弧放电。放电后，SF_6 气体在高温电弧下分解形成强腐蚀性化合物以及金属氟化物等一系列产物，分解产物附着在绝缘子表面，将大大降低其绝缘性能。断路器气室内吸附剂对腐蚀性化合物的吸附和金属氟化物沉积壳体的过程需要一定时间，外屏蔽罩与罐体内壁间的气体间隙绝缘性能恢复速度高于绝缘子表面，因此，重合闸后屏蔽罩和均压球对绝缘支撑杆产生了沿面放电。屏蔽罩对罐体内壁放电过程中产生的分解产物更易附着在靠近屏蔽罩侧绝缘杆。因此，该绝缘杆放电烧蚀程度最严重。

4.4　应采取的措施

1. 对新增设备应采取的措施分析

针对额定电压 550 kV 的 GIS 设备，不同标准下的额定操作冲击耐受电压值和额定雷电冲击耐受电压值不同，国内厂家对 GIS 进行型式试验按照行标或国标开展，合资和外资厂家均按照 IEC 标准开展，施加的电压值较低，暴露出其绝缘裕度低的问题。近期将加强对绝缘试验项目的型号审查工作，要求入网设备该项型式试验均按照行标或国标标准执行，如表 2.4.1 所示。

表 2.4.1　试验电压值

标准	额定操作冲击耐受电压	额定雷电冲击耐受电压
行标和国标	1 175 kV	1 675 kV
IEC	900 kV	1 550 kV

2. 对存量设备应采取措施分析

（1）该厂 5003、5001、5002、5004 断路器应开展大修，具体检修内容以制造厂商的大修要求为准，重点应清理气室内部粉尘异物以及更换 SF_6 气体，提高绝缘强度。大修前对某蓄 A 厂 500 kV 断路器及相邻隔离开关 SF_6 气体开展检测试验。

（2）建议对隔离开关开展检修与机械特性检测。

（3）未进行大修的间隔，宜尽量避免隔离开关的带电合闸操作，大修后可以进行隔离开关的带电合闸操作。

（4）考虑到该 GIS 即使大修后其额定雷电冲击耐受电压仍然只能承受 1 550 kV，低于目前国标和行标规定值。同时该 GIS 已运行 25 年以上，备品备件欠缺，大修周期长，应尽快开展某蓄 A 厂 GIS 改造换型工作的可行性研究。

5 220 kV GIS 断路器灭弧室绝缘击穿故障

5.1　故障情况说明

5.1.1　故障前运行方式

某站 220 kV 双母线并列运行，220 kV 母联 2012 开关运行中；220 kV DD 甲线 2550、ER 甲线 2994、#1 变高 2201 及#3 变高 2203 开关运行于 1M 母线；220 kV SD 乙线 2995、#2 变高 2202 开关及 TG 乙线 2551 开关运行于 2M 母线，#1 变高中性点 221000 接地刀闸在合上位置。

5.1.2　故障过程描述

2018 年 10 月 19 日 22 时 54 分 57 秒，220 kV 某站 220 kV 母线保护、220 kV 某甲线线路保护同时动作。220 kV 某甲线线路保护动作跳开 220 kV 某甲线 2994 开关；同时 220 kV 母线保护动作。22 时 55 分 00 秒，开关备自投动作，跳开#3 主变变低 503 开关，合上 10 kV 分段 550 开关。未造成负荷损失。

5.1.3　故障设备基本情况

故障设备为北京北开电气股份有限公司产品，型号为 ZF19-252，2009 年 2 月生产，2009 年 11 月投运。

5.2　故障检查情况

5.2.1　外观检查情况

2018 年 10 月 20 日 01 时 43 分，在 SF_6 分解物第一次测试中，发现 220 kV 某甲线 2994 开关气室 SO_2 分解物含量严重超标。05 时 27 分，进行 SF_6 分解物复测，复测结果与第一次一致。

2018 年 10 月 20 日 11:00 ~ 15:00，回收 220 kV RT 甲线 2994 开关 C 相断路器灭弧室 SF_6 气体，打开手孔检查。发现灭弧室内粉尘较多，通过内窥镜观察到导体、屏蔽罩等部位存在多处明显放电点，并在灭弧室底部发现有一条疑似密封胶圈的异物，如图 2.5.1 所示。

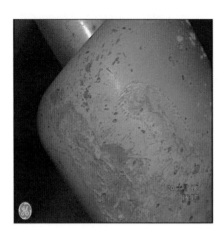

图 2.5.1　某甲线 2994 开关 C 相断路器气室内部检查照片

5.3　故障原因分析

（1）根据 220 kV 某站 220 kV 某甲线三相开关正确分闸，且 220 kV 某站 220 kV 母线保护、220 kV 某甲线线路保护同时动作，判断故障点在 220 kV 甲线线路保护与母差保护交叉区内，即线路保护组 CT1（1LH）与母差组 CT5（5LH）之间，对应 GIS 设备本体是在下 CT 与上 CT 之间，即开关气室内部。

（2）从 SF_6 分解物测试发现，220 kV 某甲线开关气室分解物 SO_2 含量严重超标，其他气室均没有分解物。具体故障点经过 10 月 20 日的开手孔盖检查已证实确在陶紫甲线 C 相开关气室内部。

（3）2018 年 10 月 20 日至 22 日，在某站现场对 220 kV 某甲线三相开关打开手孔盖进行初步检查，发现以下情况：C 相灭弧室内粉尘较多，通过内窥镜观察到导体、屏蔽罩等部位存在明显电弧烧蚀痕迹，在灭弧室底部发现有一条触头导向环；A 相及 B 相灭弧室内无明显积尘；在 A 相灭弧室底部发现有一条触头导向环。

（4）2018 年 11 月 2 日，在检修基地对 220 kV 开关进行解体。B 相开关：没有发现明显异常情况；导向环没有脱落，静触头座内壁、动侧屏蔽罩外沿没有发现金属摩擦痕迹。A 相开关：导向环脱落掉到灭弧室底部，静触头座内壁、动侧屏蔽罩外沿有明显金属摩擦痕迹。C 相开关：导向环脱落掉到灭弧室底部，静触头座内壁、动侧屏蔽罩外沿有明显金属摩擦痕迹；壳体内壁、下出口屏蔽罩、下出口盆式绝缘子、动侧不锈钢屏蔽罩上均有明显电弧烧蚀痕迹。

（5）根据上述情况，确认故障原因为：220 kV 某甲线开关 C 相灭弧室触头导向环在厂内车间安装时就已脱落掉到灭弧室底部，由于没有导向环，动触头侧屏蔽罩与静触头座内壁摩擦，所产生的金属碎屑在掉落过程中，飘落到下出口屏蔽罩与壳体内壁之间，引起电场畸变，发生气隙击穿，导致短路。以上属于厂内车间安装控制不当引起的。

6 110 kV GIS PT 层间放电故障

6.1 故障情况说明

6.1.1 故障前运行方式

2021 年 7 月 10 日，220 kV 某站地区多云，气温 24 ℃。该站为双母接线方式，故障前#3 主变挂 5M 运行，110 kV 5、6M 母联开关、110 kV 1、2M 母联开关、110 kV 1、5M 分段开关在运行状态，110 kV 2、6M 分段开关在热备用状态。

6.1.2 故障过程描述

7 月 10 日对 110 kV 某线进行启动操作，22 时 30 分开始对 110 kV 5、6M 母联 170 开关进行三次充电，22 时 39 分合上 110 kV 某线 129 开关进行第一次充电。22 时 51 分 03 秒 430 毫秒：110 kV 5M、6M 母线保护启动，110 kV 某线 131 开关、110 kV 某线 130 开关、#3 主变 110 kV 侧 103 开关、110 kV 1、5M 分段 150 开关、110 kV 5、6M 母联 170 开关跳闸，110 kV 5、6M 母线失压。现场检查发现 110 kV 5、6M 母联 170 开关气室表面手摸有明显发热感。

6.1.3 故障设备基本情况

故障设备为河南平高电气股份有限公司产品，型号为 ZF12B-126（L），2021 年 1 月投运。

6.2 故障检查情况

6.2.1 外观检查情况

故障发生后，检修人员立即对设备外观检查，无明显异常；检查气压表阀门、气压，无明显异常；检查防爆阀，无明显异常。触摸开关灭弧室壳体上部较热（图 2.6.1 红框处）。现场一次设备检查情况如图 2.6.1 所示。

图 2.6.1 现场一次设备情况

6.2.2 试验检查情况

1. 绝缘电阻试验

2021 年 07 月 11 日，试验专业对变电站 110 kV GIS 5M、6M 进行绝缘电阻测试，绝缘电阻值均在 100 000 MΩ 以上。绝缘电阻正常。

2. 气体成分试验

对 220 kV 变电站 110 kV GIS 5M、6M 母线上所有气室开展 SF_6 气体湿度及分解产物测试工作。3 个气室气体成分不合格（见表 2.6.1）：

110 kV 16PT 互感器气室中 SO_2（3 001 μL/L）、CO（1 201 μL/L）含量超注意值，湿度（3 884.8 μL/L）超标准要求；

110 kV 5、6M 母联 170 开关及 CT 气室中 SO_2 含量（2 269.8 μL/L）超注意值，湿度（4 019.2 μL/L）超标准要求；

110 kV BJ 甲线 130 开关及 CT 气室 SO_2 含量（28.3 μL/L）超注意值。

表 2.6.1　气室气体成分检查不合格情况

气室名称	湿度/（μL/L）	SO_2/（μL/L）	CO/（μL/L）	备注
16PT 互感器气室	3 884.8	3 001	1 201	$SO_2 \leqslant 3$（注意值）
母联 170 开关	4 019.2	2 269.8	1.5	$H_2S \leqslant 2$（注意值）
BJ 甲线 130 开关	71.9	28.3	1.0	$CO \leqslant 300$（注意值）

6.3　故障原因分析

1. 整个故障发展过程

首先 110 kV 16PT 发生 B 相单相接地故障，引起 110 kV 6M 小差动作跳 110 kV 5M、6M 母联 170 开关，随后 170 开关内部 A、B、C 相多次相间、相对地放电，持续了 130 ms，110 kV 5M 小差动作跳开挂在 5M 上各间隔开关后，母联 170 开关故障电流才熄灭，实现故障隔离。事件过程中 110 kV 5M、6M 母差保护动作行为正确。

2. PT 内部放电过程分析

结合故障录波图和解体检查资料，判断故障发展过程为：PT 一次绕组出线端附近首先发生层间短路放电，放电产生的生成物和杂质降低了 PT 一次绕组屏蔽罩与半屏蔽板（地电位）之间的主绝缘通道的绝缘裕度，造成 PT 对地放电。

3. 170 开关内部放电过程

结合故障录波图及断路器特性分析，推演 170 开关故障发展过程为：B 相在开断过程中，因开断能力不足，A、B 相依次击穿，随后发生三相短路及相对地放电故障。期间 B 电流持续存在 130 ms，最终由 5M103 开关与 150 开关切断电源，放电过程结束。

综上，170 开关 B 相未能成功熄灭故障电流是本次故障范围扩大的根本原因。

7 220 kV GIS 隔离开关气室接地短路故障

7.1 故障情况说明

7.1.1 故障前运行方式

2021 年 7 月 14 日，220 kV 某站地区晴，气温 24 ℃，故障前双母线并列运行，#2 主变变高（直接接地）挂 220 kV 1M 母线运行；#3 主变变高挂 220 kV 2M 母线运行。

7.1.2 故障过程描述

2021 年 7 月 14 日 17 时 03 分 01 秒 617 毫秒，发生 A 相接地故障，母联 2012 开关间隔 A 相出现故障电流，220 kV 母差保护启动。

17 时 03 分 01 秒 622 毫秒，220 kV Ⅱ M 母线差动动作出口跳母联 2012 开关、4796 开关、4503 开关、#3 主变变高 2203 开关。

17 时 03 分 01 秒 671 毫秒，母联 2012 开关分位。

17 时 03 分 01 秒 674 毫秒，4796 开关和变高 2203 开关分位。

17 时 03 分 01 秒 676 毫秒，4503 开关分位。

17 时 03 分 01 秒 676 毫秒，故障电流消失。

7.1.3 故障设备基本情况

故障设备为北京北开电气股份有限公司产品，型号为 ZF19-252，2014 年 9 月出厂，2015 年 9 月投运。

7.2 故障检查情况

7.2.1 外观检查情况

母联 2012 开关间隔外观正常、无变形及放电痕迹，如图 2.7.1 所示。YW 乙线 4796 开关、WZ 乙线 4503 开关和#3 主变变高 2203 开关、刀闸及 222PT、220 kV Ⅱ M 母线气室压力正常，防爆膜无动作。

图 2.7.1　故障设备外观情况

7.2.2　试验检查情况

1. 局放试验

220 kVWZ 甲、乙线、YW 甲、乙线、#2、#3 主变变高、221PT 间隔 1M 侧刀闸处局放检测结果无异常。

2. SF₆ 气体分解产物测试

对 220 kV 母联 2012 开关、222PT 间隔、YW 乙线 4796 开关、WZ 乙线 4503 开关和#3 主变变高 2203 开关、2M 侧刀闸气室、220 kV 2M 气室进行取气试验，发现 220 kV 母联 2012 开关 A 相 SO_2 为 49.79 μL/L，超预规注意值（3 μL/L）；20122 刀闸气室 SO_2 为 2 120 μL/L（刀闸三相气室联通，共用压力表），超预规注意值（1 μL/L）。

通过 SF₆ 气体分解产物测试（见表 2.7.1），可以确定放电故障发生在 20122 刀闸气室 A 相。

表 2.7.1　SF₆ 分解产物测试（故障后）

序号	设备名称	试验日期	湿度值（20 ℃）/（μL/L）	SO_2/（μL/L）	H_2S/（μL/L）	CO/（μL/L）	备注
1	母联 2012 开关 A 相气室	2021-7-14	36	49.79	0.00	24.30	SO_2 超注意值
2	母联 2012 开关 B 相气室	2021-7-14	47	0.00	0.00	19.70	

续表

序号	设备名称	试验日期	湿度值（20 ℃）/（μL/L）	SO$_2$/（μL/L）	H$_2$S/（μL/L）	CO/（μL/L）	备注
3	母联 2012 开关 C 相气室	2021-7-14	52	0.24	0.00	15.90	
4	母联 20122 刀闸	2021-7-14	260.8	2 000.00	—	>100	SO$_2$超过仪器量程，超注意值

7.2.3 故障录波情况

由故障录波如图 2.7.2 所示，约 17 时 03 分 01 秒 617 毫秒（零时刻），220 kV 1M 母线和 2M 母线 A 相电压下降为零，220 kV 母联 2012 开关间隔 A 相出现故障电流，电流一次有效值约为 3.936 kA，二次有效值约为 1.64 A，2M 母差差动电流一次值约为 7.575 kA，二次值约为 3.156 A，故障电流持续时间约为 59 ms，具有典型的单相接地故障特征。

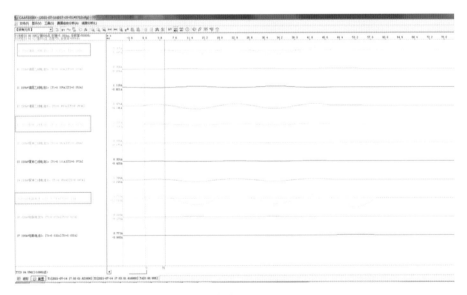

（a）

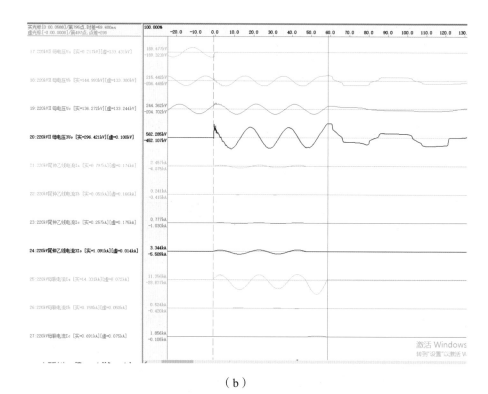

（b）

图 2.7.2　故障录波图

7.2.4　解体检查情况

1. 动触头

绝缘拉杆与刀闸动触头外观如图 2.7.3 所示。可见，刀闸动触头相连的绝缘拉杆无明显异常；动触头已熏黑，有轻微放电烧蚀痕迹，与触指相接部分无明显过热痕迹。酒精擦拭后，动触头靠吸附剂侧且与静触头屏蔽罩上端的水平位置存在放电烧蚀痕迹。

2. 静触头及屏蔽罩

静触头触指无明显放电或过热烧蚀痕迹，如图 2.7.4 所示。静触头屏蔽罩表面靠吸附剂侧存在明显放电烧蚀和金属熔化痕迹，存在少量绿色烧熔物，屏蔽罩与触头座的固定螺丝完整，两者接触良好。

图 2.7.3　动触头侧情况

图 2.7.4　静触头及屏蔽罩情况

拆解静触头及屏蔽罩后可见，铜触指无放电烧蚀痕迹，如图 2.7.5 所示。

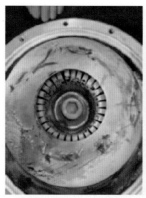

图 2.7.5　触指情况

3. 静触头侧盆式绝缘子及壳体

盆式绝缘子表面有大量放电产物（主要为灰黑色）和分解粉末（主要为灰白色），酒精擦拭后，可发现表面存在放电烧蚀痕迹，如图 2.7.6 所示。

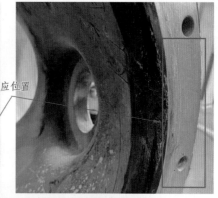

图 2.7.6　静触头侧盆式绝缘子及壳体情况

壳体存在两处放电痕迹：一处位于底部与盆式绝缘子连接位置，另一处位于屏蔽罩对面靠近吸附剂位置。

4. 其他部件

刀闸和地刀机构等部件均正常，未发现缺少零部件；上侧屏蔽罩表面有少量放电烧蚀痕迹，如图 2.7.7 所示。

图 2.7.7 静触头侧盆式绝缘子及壳体情况

7.3 故障原因分析

由于故障气室为母联刀闸气室，雷电较难对该开关产生雷电过电压；根据故障录波可知，故障前，母线无工频过电压。此外，故障时刻，站内无操作，不存在操作过电压。由此可判断 20122 刀闸气室放电故障与工频、雷电及操作过电压无直接关联。

根据故障绝缘盆解体检查情况和返厂试验结果分析（耐压试验结果无异常），该盆式绝缘子无裂纹等问题，盆式绝缘子内部故障与本次放电故障无直接关联。

经查，故障前，2012 开关间隔电流约为 75 A，解体检查导体不存在明显的过热痕迹，过热应与本次放电故障无直接联系。

根据故障绝缘盆解体检查情况和返厂试验结果判断（耐压试验结果无异常），该盆式绝缘子无裂纹等问题，盆式绝缘子内部故障与本次放电故障无直接关联。

解体检查发现故障绝缘盆表面、壳体、刀闸静触头座底部、屏蔽罩存在相对应的放电或金属熔化物痕迹。通常固体沿面绝缘通常是绝缘薄弱点，由此判断，本次放电故障起始于静触头沿故障绝缘盆表面的对地闪络放电，故障绝缘盆表面应存在粉尘或金属异物。发生放电后，电弧进一步引起了静触头屏蔽罩对壳体放电，导致静触头屏蔽罩和对应壳体位置出现放电烧蚀痕迹和金属熔化痕迹。

综合上述信息，判断此次放电故障原因是刀闸气室内存在金属颗粒或粉末，造成绝缘盆表面污秽，绝缘盆沿面绝缘性能下降，最终发生沿面闪络。

500 kV HGIS 隔离开关气室接地短路故障

8.1 故障情况说明

8.1.1 故障过程描述

2021 年 07 月 16 日 14 时 28 分 48 秒，某站 500 kV SH 甲线 A 相跳闸，主一保护差动、接地距离 I 段动作，主二保护纵联距离、纵联零序、接地距离 I 段动作，自动重合不成功。检查故障录波发现，故障时刻 A 相电流增大，折算一次故障电流有效值为 7.552 kA。故障持续约 35.7 ms 后，两套线路保护主保护动作跳开 5082、5083 开关 A 相。经 1 300 ms 后保护发重合闸命令，5083 开关重合 A 相，重合于故障，折算一次故障电流有效值为 57.047 kA，两套线路保护动作跳开 5082、5083 开关三相。第一次测距距离某站 108 km（线路总长 133 km），第二次测距为 0 km。分析判断 500 kV 某甲线 A 相因雷击跳闸，跳闸后 5083 A 相重合，重合于故障，跳开 5082、5083 三相，故障类型为近区金属性接地。

8.1.2 故障设备基本情况

故障设备为日本三菱电机生产的 HGIS，型号为 500-SFMT-63F，2008 年 5 月出厂，2008 年 9 月投运。

8.2 故障检查情况

8.2.1 现场检查情况

现场检查 5082 开关气室气体压力正常，50831 刀闸 A 相气室压力异常升高，由 0.54 MPa 升高至 0.62 MPa，5083 开关 A 相气室压力略有下降，由 0.63 MPa 下降至 0.62 MPa，两个气室压力基本一致；5082、5083 开关储能正常，液压机构及传动部位无异常。检查 SH 甲线避雷器、CVT、高抗外观无明显异常，SH 甲线避雷器未动作；一次设备红外测温未发现异常。SH 甲线电压测量值为 A 相 0 kV、B 相 41.61 kV、C 相 45.62 kV，与 CVT 二次空开侧实测值一致。

8.2.2　操作检查情况

当拉开 5082 开关两侧刀闸 50821、50822 时，线路电压 A 相仍为 0 kV。而当拉开 50831 刀闸后，监控系统中 SH 甲线 A 相电压从 0 kV 跳变至 39 kV，B、C 相电压保持在 41 kV、45 kV。结合母差保护未动作的情况，判断接地点位于 50831 刀闸动触头与 5083 开关线路侧 CT 之间。

8.2.3　试验检查情况

5083 开关气室 A 相、50831 刀闸气室 A 相 SF_6 分解物严重超标，5083 开关 A 相带两侧地刀回路电阻值为 12 900 $\mu\Omega$，超过厂家管理值 115 倍，50831 刀闸带两侧地刀回路电阻值为 481.8 $\mu\Omega$，超过厂家管理值 5 倍。测量 50831 刀闸内导电杆对地绝缘，绝缘摇表无法建压。

8.2.4　解体检查情况

检查发现 50831 刀闸 A 相气室靠 5083 开关侧盆式绝缘子表面存在放电烧蚀痕迹，盆式绝缘子下部存在明显裂纹，气室内部存在少量粉尘，如图 2.8.1 所示。检查相关触头及导杆固定螺栓未发现明显松动情况，现场测量刀闸动静触头间距正常。

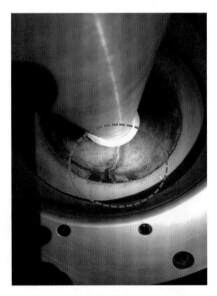

（a）刀闸气室　　　　　　　　　　（b）开关气室

图 2.8.1　故障盆式绝缘子两侧放电情况

检查发现 5083 开关 A 相气室靠 50831 刀闸侧盆式绝缘子及固定法兰存在严重放电烧蚀痕迹，导电杆至绝缘子下部法兰存在一处明显放电通道，周围绝缘子表面存在开裂情况，同时气室内壁存在大量粉尘及附着颗粒物，如图 2.8.2 所示。

图 2.8.2 5083 开关 A 相气室内 50831 刀闸侧盆式绝缘子下部

对开关进行解体检查。发现 50831 气室与 5083 气室气隔盆式绝缘子靠开关灭弧室侧存在一条从中间导体至盆式绝缘子安装法兰的贯穿性放电通道，宽 10 mm 左右，主放电通道两侧各有两条放电通道。主放电通道存在裂纹，该裂纹已贯穿至盆式绝缘子另一侧。判断该处裂纹导致 5083 开关与 50831 气室联通，如图 2.8.3 所示。

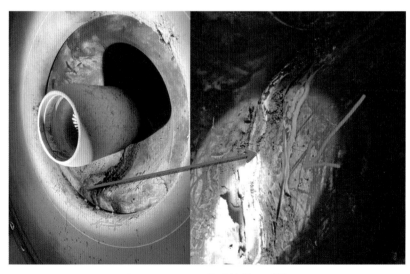

图 2.8.3 5083 盆式绝缘子裂纹

检查发现 50831 气室与 5083 气室气隔盆式绝缘子靠开关灭弧室侧存在如下情况：

（1）存在多道闪络放电痕迹。

（2）多处金属熔融物附着，分别位于盆式绝缘子上及其与安装法兰边界处。

（3）盆式绝缘子安装法兰表面破损。

（4）盆式绝缘子安装法兰下表面有多处飞溅烧蚀，烧蚀痕迹上大下小，初步分析飞溅方向为径向由内到外。

（5）盆式绝缘子上表面及其上安装法兰存在大片深色痕迹，疑似高温烧灼。

50831 气室与 5083 气室气隔盆式绝缘子均压罩受损情况如图 2.8.4 所示。

图 2.8.4 盆式绝缘子均压罩受损情况

（1）均压罩内部存在大量的灰色粉尘，附着于对接触指及均压罩内表面，堆积于均压罩底部。

（2）金属熔融物附着于均压罩底部。

（3）均压罩外表大面积损毁，无法修复。

（4）导体与均压罩对接处有触指压痕，可擦除，端面无痕迹，对接均压罩内部位已烧黑，均压罩外部附着异物，异物可擦除。

（5）导体上存在 3 个烧蚀点，最大的一个长 15 mm、宽 10 mm、深 25 mm，无法修复。

8.3　故障原因分析

根据型式试验情况，该盆式绝缘子设计满足运行要求。根据电场仿真结果，导体、盆式绝缘子两面、绝缘嵌件处电场强度均满足国内同类产品设计值，但盆式绝缘子安装法兰电场强度高于国内同类产品设计值，绝缘裕度偏小。故障盆式绝缘子放电也起始于盆式绝缘子的安装法兰，认为该盆式绝缘子安装法兰处绝缘裕度偏低，运行中易导致放电。

雷电定位系统及录波分析，故障前后该盆式绝缘子至少遭受 5 重雷击，站内记录到最高电压-800 kV，因站内 CVT 采样频率有限，该电压可能并非所记录的最高电压。在较高的雷电冲击过电压的作用下盆式绝缘子放电概率增大。

综上，该盆式绝缘子通过型式试验，其设计满足要求，但与国内同类型盆式绝缘子相比，其安装法兰处绝缘裕度偏小。此外长期运行中正常开断产生的微量粉尘的积累及附着会进一步降低绝缘裕度，在多重雷电过电压作用下，诱发了盆式绝缘子放电并彻底击穿。

9 220 kV GIS 断路器气室绝缘击穿故障

9.1 故障情况说明

9.1.1 故障前运行方式

2021 年 9 月 21 日，220 kV 某站地区晴，气温 25 ℃，故障前 220 kV JK 乙线 4333 开关、#2 主变变高运行于 2M，220 kV1M、2M 母线、5M、6M 母线并列运行，220 kV1M、5M 母线、2M、6M 母线分列运行。

9.1.2 故障过程描述

2021 年 9 月 21 日，220 kV SK 乙线进行送电操作，14 时 24 分 20 秒调度远方合上 220 kV SK 乙线 2M 母线侧 91542 刀闸后，220 kV 某站 220 kV 1M、2M 母差保护动作，220 kV 母联 2012 开关、JK 乙线 4333 开关、#2 主变变高 2202 开关分闸，220 kV 2M 母线失压。同时，220 kV SK 乙线两侧纵差保护动作，无负荷损失。

9.1.3 故障设备基本情况

故障设备为上海西门子高压开关有限公司产品，型号为 8DN9-Ⅱ，2013 年 12 月出厂，2020 年 06 月投运。

9.2 故障检查情况

9.2.1 现场检查情况

1. 外观检查

SK 乙线 9154 开关间隔断路器 C 相防爆膜动作，SF_6 气压表显示压力接近 0 表压，如图 2.9.1 所示。

2. 红外测试

除 SK 乙线 9154 断路器 C 相气室（该气室防爆膜动作无气压），该站 220 kV GIS 其他设备红外测温均无异常。

图 2.9.1　C 相防爆膜及断路器气室气压

3. SF₆气体试验

除 SK 乙线 9154 断路器 C 相气室外（该气室防爆膜动作无气压），SK 乙线间隔其他气室、2M 母线各气室 SF_6 气体组分未见异常。

4. 内窥镜检查

SK 乙线 9154 开关间隔 C 相断路器气室动侧导体屏蔽罩处存在放电现象，发现屏蔽罩局部烧毁，存在短路故障烧蚀物，如图 2.9.2 所示。

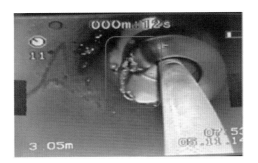

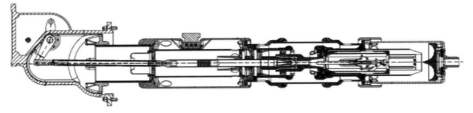

图 2.9.2　某乙线 9154 开关间隔 C 相断路器气室内窥镜检查情况

9.2.2 解体检查情况

1. 气室内整体情况

C 相断路器本体绝缘支撑筒存在电弧灼烧痕迹，其他部件未见异常，无零件缺失，表面无明显分解物附着；C 相断路器罐体内无明显粉尘，罐体内壁对应断路器支撑铸件气孔位置，有明显电弧灼烧的痕迹，如图 2.9.3 所示。

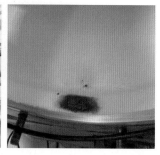

图 2.9.3　C 相灭弧室罐体外观

2. 断路器曲轴箱

断路器曲轴箱严重熏黑，表面附着大量 SF_6 分解物，检查曲轴连杆未存在松脱现象，内部无零件缺失，如图 2.9.4 所示。

图 2.9.4　曲轴箱情况

3. 支撑绝缘筒

绝缘筒外表面可见三处明显烧灼痕迹，但未烧穿；绝缘筒内腔存在大量分解物，筒内正下方疑似遗留均压罩金属烧蚀物；绝缘筒内腔存在两道明显的疑似放电痕迹（蓝色框），由均压罩固定法兰，沿绝缘筒内部，贯穿到支撑绝缘筒固定法兰。对应绝缘筒内壁的放电痕迹，绝缘筒固定法兰上有多处放电烧灼痕迹，如图 2.9.5 所示。

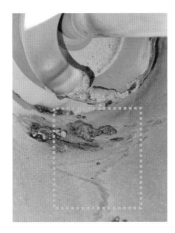

图 2.9.5　支撑绝缘筒情况（方框内标注为放电痕迹）

4. 均压罩

均压罩严重烧蚀，烧蚀最严重的部位为 1 点至 6 点（时钟）区域，均压罩正下方遗留大量烧蚀物。均压罩固定法兰正下方部位存在一处烧灼痕迹，如图 2.9.6 所示。

图 2.9.6　均压罩情况

5. 断路器绝缘拉杆

绝缘杆严重熏黑，酒精擦干净后可观察到绝缘杆表面存在疑似条状贯穿性放电痕迹。绝缘杆高电位和地电位端部金属件均存在电弧烧灼痕迹，绝缘杆高、低电位端部分别对应均压罩和曲轴箱金属挡块，两者也均存在放电烧灼痕迹，如图 2.9.7 所示。

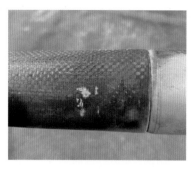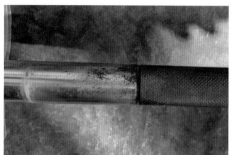

图 2.9.7 绝缘拉杆情况

9.2.3 放电产物检查情况

C 相母线侧绝缘杆绝缘筒处屏蔽环本体处样品为铁，表面附着大量铁的氟化物和微量的铜合金。C 相母线侧烧毁屏蔽环正下方球状样品为铁，表面附着大量铁的氟化物和硫单质。C 相母线侧绝缘杆绝缘筒壁右侧样品为橡胶，表面附着少量铁的氟化物。C 相母线侧屏蔽环材料主要由铁组成，其表面部分区域受到了不同程度的氟化和氧化。A 相操作连杆处，B 相防爆膜位置内壁处样品中含有大量的铅元素，可能来源于防爆膜，此外氟、铜、铁元素的含量也较高。C 相母线侧屏蔽环上附着物为铁，表面附着大量铁的氟化物。C 相母线侧法兰正下方样品为铁，其表面的球状颗粒为铁的氟化物。

通过放电产物成分检测，可以得出如下结论：放电过程中屏蔽环中的铁与六氟化硫发生了氧化还原反应，其中 C 相母线侧烧毁屏蔽环正下方处样品的反应产物，呈熔融状，且可能存在硫单质，表明该处反应较为剧烈。

9.3 故障原因分析

根据故障录波情况、现场试验和解体检查结果，可确定 9154 断路器气室 C 相发生单相接地短路故障，故障位置为 9154 动触头靠机构侧支撑绝缘筒内。放电原因分析如下：

根据故障绝缘件解体检查情况和返厂试验结果分析（耐压试验结果无异常），支撑绝缘筒和绝缘拉杆无裂纹等问题，绝缘件内部故障与本次放电故障无直接关联。

故障发生时，天气良好，无雷电；根据故障录波，故障前，母线无工频过电压。由此可判断 9154 断路器气室放电故障与工频、雷电过电压无直接关联。

解体检查结果表明导体不存在明显的过热痕迹，过热应与本次放电故障无直接联系。

根据故障绝缘件解体检查情况和返厂试验结果分析（耐压试验结果无异常），绝缘件无裂纹等问题，绝缘件内部故障与本次放电故障无直接关联。

根据解体情况判断，本次故障断路器支撑绝缘筒内腔底部或绝缘拉杆表面存在金属异物或碎屑，引起局部电场畸变，在合闸操作产生的操作过电压作用下，造成绝缘件表面沿面放电，继而导致均压罩对断路器本体支撑法兰之间的放电，产生大量的金属烧熔物。

综合上述信息，判断此次放电故障原因是断路器气室内存在金属颗粒或粉末，造成支撑绝缘件或绝缘杆表面污秽，绝缘件沿面绝缘性能下降，最终发生沿面闪络。

10 110 kV GIS 隔离开关气室绝缘击穿故障

10.1 故障情况说明

10.1.1 故障前运行方式

2021 年 10 月 14 日，220 kV 某站地区晴，故障前 110 kV 1M、2M、5M、6M 母线并列运行，110 kV #2 母联 1056 开关、110 kV #1 分段 1015 开关、110 kV #2 分段 1026 开关运行，110 kV #1 母联 1012 开关热备用，#3 主变 110 kV 变中中性点直接接地。

10.1.2 故障过程描述

2021 年 10 月 14 日 06 时 54 分 56 秒 134 毫秒，220 kV 某站 110 kV 6M 母线 A、B 相发生相间短路故障，26 ms 后发展为三相短路故障，故障电流为 12.81 kA（二次值 8.014 A），故障发生 7 ms 后 110 kV 5M、6M 母差保护动作，跳开 6M 母线的 110 kV SD 乙线 1168 开关、110 kV SR 乙线 1170 开关、110 kV SY 乙线 1172 开关、110 kV ST 乙线 1174 开关、110 kV #2 母联 1056 开关、110 kV #2 分段 1026 开关，110 kV 6M 母线失压。故障持续时间 73.2 ms。

10.1.3 故障设备基本情况

故障设备为河南平高东芝高压开关有限公司产品，型号为 DAM-145W1，2010 年 1 月出厂，2012 年 3 月投运。

10.2 故障检查情况

10.2.1 现场检查情况

外观检查未见异常。

全站 110 kV GIS 设备红外测温，发现 110 kV ST 乙线 6M 11746 刀闸气室温度异常，该气室刀闸部位比母线部位高约 1.1 ℃，比同母线其他气室较高约 2 ℃，如图 2.10.1 所示。怀疑故障点为 110 kV 胜坦乙线 6M 刀闸 11746 气室。

胜坦乙线6M刀闸11746气室刀闸部位温度为27.4 ℃　　胜坦乙线6M刀11746气室母线部位温度为26.3 ℃

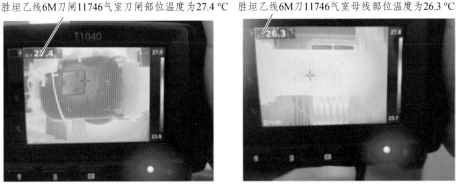

图 2.10.1　110 kV 胜坦乙线 11746 气室刀闸与相邻母线温度对比图

110 kVGIS 设备 SF_6 气体湿度及分解物测试工作发现 110 kV ST 乙线 6M 刀闸 11746 气室气体分解物严重超标，超出仪器测量范围，无法测量。其他间隔分解物测试结果无异常，初步判断故障点为 110 kV 胜坦乙线 6M 刀闸 11746 气室。

10.2.2　解体检查情况

110 kV ST 乙线 11746 刀闸气室回收气体并解体检查，发现 11746 刀闸气室内壁、导体及绝缘件表面布满粉尘。11746 刀闸本体 A、B 相之间的相间转轴绝缘子炸裂散落，绝缘子碎片掉落到气室底部。11746 刀闸本体 B、C 相之间的相间转轴绝缘子表面有电弧烧黑痕迹，气室底部有散落的吸附剂颗粒。

进一步检查发现 11746 刀闸本体 A 相为分位（11746 刀闸转检修时将 A 相刀闸拉开），B、C 相为合位（由于 A、B 相之间的相间转轴绝缘子炸开，转检修时 B、C 相无法分闸）。根据检查结果，判断本次故障为 110 kV ST 乙线 11746 刀闸 A、B 相之间的相间转轴绝缘子绝缘击穿导致出现 A、B 相间短路故障。

打开 11764 刀闸气室手孔盖板检查，发现气室内存在大量 SF_6 气体白色分解物，如图 2.10.2 所示。旋动导体转轴中的 A、B 相间绝缘子已经炸裂，炸裂的绝缘子残体掉落在壳体底部。

将母线导体及盆式绝缘子部分拆除并抽出壳体，可见母线三相导体表面附着大量 SF_6 气体白色分解物，母线盆式绝缘子两侧表面未见放电烧蚀痕迹，如图 2.10.3 所示。

将 11746 刀闸静触头及旋动导体抽出壳体，其中，旋动导体转轴 A、B、C 相间绝缘子放电痕迹明显，A、B 相间绝缘子碎裂脱落，只有内部嵌件残留在旋动导体上；壳体内部可见放电烧蚀痕迹，如图 2.10.4 所示。

A、B相之间的动触
头转动轴绝缘子炸裂

碎片掉落到
气室底部

筒散落的吸
附剂颗粒

图 2.10.2　11746 刀闸气室开盖检查情况图

图 2.10.3　11746 刀闸气室内部检查情况

图 2.10.4　11746 刀闸静触头及相间绝缘子检查情况

将 A、B 相间绝缘子进行详细检查，可见 A、B 相间绝缘子炸裂程度较严重，在绝缘子内部及两端金属嵌件发现有明显的放电击穿通道；部分绝缘子碎片表面有烧蚀坑点，坑点为圆洞状且周边已呈焦黄颜色，内有微量碳化物质，如图 2.10.5 所示。

图 2.10.5　11746 刀闸 A、B 相间绝缘子炸裂断面坑点表面情况

断路器盆式绝缘子检查情况如图 2.10.6 所示，该盆子绝缘子在三相导体之间有沿面放电痕迹，导体与壳体之间未见贯通的放电通道。

图 2.10.6　16 11746 刀闸盆式绝缘子检查情况

综上，初步分析 11746 刀闸气室内旋动导体转轴上 A、B 相间绝缘子存在内部绝缘缺陷，在运行过程中发生绝缘击穿引起 A、B 相间短路，进一步发展为三相间短路故障。

10.3　故障原因分析

1. 直接原因

110 kV ST 乙线 6M 刀闸 11746 A、B 相之间的旋动导体转轴上 A、B 相间绝缘子绝缘击穿导致出现 A、B 相间短路故障。该故障位于 110 kV 5M、6M 母线保护区内，导致 110 kV 5M、6M 母差保护 6M 差动动作出口。

2. 根本原因

11746 刀闸 A、B 相刀闸旋动导体转轴绝缘子存在质量问题，导致绝缘击穿，A、B 相短路故障。

10.4　应采取的措施

（1）对同类型设备绝缘子开展试验分析工作，试验项目至少包括雷电冲击、交流耐压、局放测试、X 射线检测、CT 检测、机械强度及玻璃化温度等。

（2）研究 GSPK-145FHW 型 GIS 设备安装局部放电在线监测装置的可行性。

11 220 kV GIS 隔离开关气室绝缘子表面闪络

11.1 故障情况说明

11.1.1 故障前运行方式

2021 年 11 月 16 日，220 kV 某站地区晴，故障前 220 kV GIS 母线为双母线接线方式。1M、2M 通过母联 2012 并列运行。

11.1.2 故障过程描述

2021 年 11 月 16 日 15 时 53 分 17 秒，某站 220 kV GH 乙线送电程序化操作合上 1M 刀闸时，该站 220 kV 母差保护 1M 差动动作，差动电流 22 065 A（一次值），跳开#3 变高 2203 开关、HR 甲线 4264 开关、HL 甲线 9122 开关、母联 2012 开关，1M 母线失压，远跳对侧两站 HR 甲线 4264 开关和 HL 甲线 9122 开关。

11.1.3 故障设备基本情况

故障设备为厦门 ABB 华电高压开关有限公司产品，型号为 ELK-14/252，2010 年 4 月出厂，2010 年 12 月投运。

11.2 故障检查情况

11.2.1 现场检查情况

外观无异常。某乙线 2634 间隔 1M 刀闸观察孔盖子，可发现观察窗内侧有白色粉尘喷射状覆盖，无法看清内部情况。

开展红外测温及气体成分测试，测试结果如下：

（1）红外测温结果无异常，与其他在运间隔气室温差基本相同。

（2）气体成分测试显示 220 kV GH 乙线 26341 刀闸气室 SO_2 含量成分超标，由于数值超出仪器量程，无法得到具体数值。用 3 台不同仪器进行测试均显示 SO_2 超标。由于数值上涨过快，无法读取其他气体成分数据。

11.2.2 解体检查情况

故障刀闸三相结构为 A、B、C 纵向排列，刀闸传动模块外观均有严重灼烧痕迹，以 B 相最为严重，灼烧痕迹几乎覆盖全部表面。刀闸机构至动触头连杆外观良好，未发现明显放电痕迹。内窥镜发现 26341 刀闸处于合闸状态，导体部分表面光洁，无过热痕迹。可见的齿轮槽无缺齿现象。

三相触头相间连杆表面有严重灼烧痕迹，未发现裂痕或碎片。通过内窥镜检查三相动触头传动模块，发现 B 相传动模块灼伤最为严重，A 相次之，C 相再次之。底部传动模块下方的壳体上存在浅黑色流体，疑似是故障后某些零部件或涂覆材料融化滴落导致。

地刀内部静触头外观，发现 A、B 相静触头相对部位有灼烧痕迹，且灼烧较为严重；C 相静触头灼烧比较轻微，分布在偏上方。三相静触头至壳体部分导体外观光洁，无过热痕迹。

除了 GH 乙线 26341 刀闸及其临近位置，相同气室内其他部位未发现明显放电点。气室内导体、筒壁表面覆盖白色分解物。筒体底部未发现其他明显异物，如图 2.11.1 所示。

图 2.11.1　26341 刀闸开盖检查情况

检查刀闸气室内主母线，母线导体及刀闸静触头的弹簧触指等无异常，未见零部件缺失及明显过热痕迹。刀闸动触头导体、地刀触头座、相间传动绝缘子及 CT 侧盆式绝缘子存在电弧灼烧痕迹，罐体内壁对应位置，有明显电弧灼烧的痕迹，表面有大量分解物附着。

刀闸三相动触头完好，未见明显放电痕迹；三相导体及相间传动绝缘子表面明显可见相间短路烧蚀痕迹，其中 B 相导体最为严重。三相导体相间最短距离约为 4 cm。

刀闸动侧传动绝缘子结构完好，未见炸裂碎块或裂纹，B-A、A-C 相间绝缘子表面烧蚀严重，C-机构间绝缘子烧蚀较轻；刀闸动侧的等电位弹簧及其他零部件完好；擦拭绝缘子表面烧蚀残留物，可见绝缘子表面纵向方向有明显的电弧灼烧后留下的斑痕，如图 2.11.2 所示。

 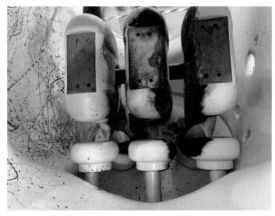

图 2.11.2　26341 刀闸解体检查情况

11.3　故障原因分析

根据故障录波情况、现场和解体检查结果，可确定 GH 乙线 26341 刀闸气室发生 A—B 相间短路故障，进而发展成三相及对地短路故障，故障位置为 26341 刀闸动侧导体及绝缘件区域。放电原因分析如下：

故障发生时，天气良好，无雷电；根据故障录波分析，故障前，母线无工频过电压。由此可判断 26341 刀闸气室放电故障与工频、雷电过电压无直接关联。

解体检查结果表明导体不存在明显的过热痕迹，过热与本次放电故障无直接联系。

刀闸动侧传动绝缘子结构完好，未见炸裂碎块或裂纹，相间绝缘子表面烧蚀严重，据此推测，绝缘件内部缺陷导致击穿放电的可能性较小，绝缘子表面存在金属异物等绝缘缺陷，造成绝缘件沿面闪络的可能性较大。

综上，目前初步推测本次故障中 26341 刀闸动侧传动绝缘子表面可能存在金属异物等绝缘缺陷，从而引起局部电场畸变，在隔离开关合闸操作产生操作过电压的作用下，造成绝缘件表面沿面闪络，进而导致三相导体之间放电，产生大量的金属烧熔物。

12 220 kV GIS 母线气室三相短路故障

12.1 故障情况说明

12.1.1 故障前运行方式

2021 年 11 月 22 日，220 kV 某站地区晴，故障前该站 1M 和 2M 母线并列运行。#1 主变变高 2201 挂 220 kV 1M 母线运行；#2 主变变高 2202 挂 220 kV 2M 母线运行。

12.1.2 故障过程描述

2021 年 11 月 22 日 19 时 09 分 57 秒，220 kV 某站 220 kV#2 母线母差保护 Ⅰ、母差保护 Ⅱ 动作跳开 220 kV 母联 2012 开关及 FR 乙线 4725、RL 乙线 4126、RC 乙线 4556、#2 主变变高 2202 开关。220 kV Ⅱ 段母线 222PT 保护电压消失。

12.1.3 故障设备基本情况

故障设备为现代重工（中国）电气有限公司产品，型号为 300SR，2010 年 3 月出厂，2013 年 1 月投运。

12.2 故障检查情况

12.2.1 现场检查情况

外观检查：220 kV 母联 2012 开关间隔外观正常、无变形及放电痕迹。FR 乙线 4725、RL 乙线 4126、RC 乙线 4556、#2 主变变高 2202 开关、刀闸及 222PT、220 kV Ⅱ M 母线气室压力正常，防爆膜无动作。

局放测试：220 kV#1 母线气室局放检测结果无异常。

气体成分测试：220 kV#2 母线气室气体成分超标（SO_2 超标），其他气室气体成分无异常。判断故障位置位于 220 kV#2 母线 5 号气室。

12.2.2 现场检查情况

在现场对 220 kV #2 母线 5 号气室进行开盖检查，如图 2.12.1 所示。气室内部内布满灰色的粉末放电产物，盆式绝缘子三相触座间被电弧烧黑，筒壁存在黑色放电烧蚀痕迹。气室内未发现可疑异物，未见零部件缺失现象。

图 2.12.1　故障点气室内部情况

12.3　故障原因分析

根据故障录波情况、现场开盖检查结果，可确定 220 kV #2 母线气室发生三相短路故障，故障位置为 220 kV #2 母线上的 RC 乙线与 #1 主变之间盆式绝缘子。

故障的直接原因是盆式绝缘子相间沿面闪络，进而引起三相接地故障。

13 220 kV GIS 分支母线气室绝缘击穿

13.1 故障情况说明

13.1.1 故障前运行方式

2021 年 12 月 9 日，220 kV 某站地区晴，故障前该站，FF 甲线、#1 主变变高、XF 甲线、#3 主变变高运行于 220 kV1M 母线；FF 乙线、#2 主变变高、XF 乙线运行于 220 kV2M 母线；220 kV 母联正常运行。

13.1.2 故障过程描述

2021 年 12 月 9 日 14 时 36 分 56 秒 164 毫秒，发生 XF 甲线 2548 间隔 C 相接地故障。

14 时 36 分 56 秒 173（169）毫秒，220 kV XF 甲线主一、主二保护电流差动、工频变化量阻抗、距离 I 段动作，跳开 C 相开关。

14 时 36 分 57 秒 017（024）毫秒，220 kV XF 甲线重合闸动作，合上 C 相开关。

14 时 36 分 57 秒 103（105）毫秒，220 kV XF 甲线主一、主二保护动作，跳开 220 kV 西汾甲线三相开关。随后，故障电流消失。

13.1.3 故障设备基本情况

故障设备为西安西开高压电气股份有限公司产品，型号为 LW23-252，2003 年 5 月出厂，2003 年 11 月投运。

13.2 故障检查情况

13.2.1 现场检查情况

1. 外观检查

检查 GIS 设备外壳外观正常，无变形或放电痕迹，开关、刀闸位置正确，各气室气体压力正常，防爆膜无动作。

2. 红外测温

对各气室进行红外测温，发现 C 相出线套管底部盆式绝缘子温度为 36 ℃，比本间隔内其他部位高 6 ℃。

3. SF_6 气体成分检测

开展 SF_6 气体分解物测试，发现出线套管及线路刀闸气室 SO_2、H_2S、CO 气体分解物超标（该气室包括出线套管、254840 接地刀闸、25484 线路刀闸、2548C0 接地刀闸等模块，三相气室通过气管联通共用一个 SF_6 密度继电器），且 CO 浓度明显高于 H_2S 和 SO_2，说明发生了绝缘件放电故障。其他气室正常。

开展 SF_6 湿度测试，发现出线套管及线路刀闸气室 A 和 C 相湿度超标，且 C 相明显高于 A 和 B 相湿度，其他气室没有异常。

结合红外测温和 SF_6 气体成分检测结果，可以判断 FJ 站 XF 甲线 GIS 故障气室为出线套管及线路刀闸 C 相气室，故障点位于 C 相出线套管底部盆式绝缘子处。

13.2.2　解体检查情况

对 XF 甲线 C 相出线套管进行解体检查与检修，对 A 和 B 相进行开盖检查与内部清洁处理，检查结果简述如下：

1. C 相故障位置与结构

开盖检查确定故障位置位于 XF 甲线 C 相出线分支母线与出现套管之间的通气盆子，且位于分支母线一侧，如图 2.13.1 所示。

2. 触头座与导杆

检查触头座与导杆，发现触头座屏蔽罩存在大面积放电烧蚀痕迹，导杆末端有部分放电烧蚀痕迹，如图 2.13.2 所示。检查触头座表带触指与导杆插接痕迹，无明显放电或过热烧蚀痕迹，而导杆接触位置的异常磨损是导杆拔出触头时留下的痕迹。

3. GIS 外壳与吸附剂

对 GIS 外壳进行检查，发现在与绝缘盆子相接的位置有放电烧蚀痕迹，底部吸附剂由金属罩包裹，金属罩无破损，金属上有少量放电产生的金属熔化物。解开金属罩检查吸附剂袋，吸附剂袋完整无破损。

图 2.13.1　GIS 故障位置及盆子插接结构

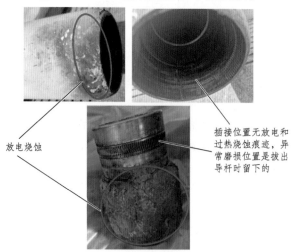

图 2.13.2　GIS 故障位置及盆子插接结构

4. 绝缘盆子

对故障绝缘盆子进行外观检查，发现绝缘盆子凹面存在两处明显的沿面闪络后留下的放电通道，放电通道大约位于 3 点钟方向。观察绝缘盆子凸面，发现熏黑与裂纹，裂纹走向与凹面放电通道走向不平行，呈一定夹角，如图 2.13.3 所示。

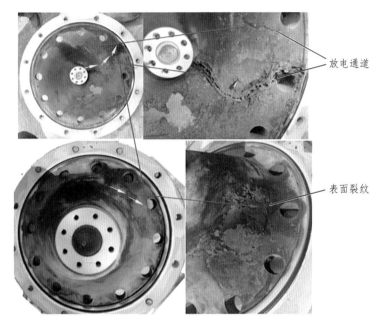

图 2.13.3　GIS 故障绝缘盆

13.3　故障原因分析

根据现场检查情况，可以确定故障直接原因是 XF 甲线出线分支母线与套管之间的通气绝缘盆子发生了沿面闪络故障。初步分析如下：

故障绝缘盆子触头座与导杆插接位置无过热或放电烧蚀痕迹，可排除导体接触不良导致过热放电或悬浮放电的可能性。故障后 C 相回路电阻超标是因为绝缘盆子开裂导致插接位置轻微移位。

绝缘盆子开裂方向与放电通道不平行，且裂纹位于非放电一侧，判断绝缘盆子裂纹是电弧电动力作用下产生，可排除绝缘盆子开裂导致沿面闪络的可能性。

根据气体成分检测情况，故障后 XF 甲线 C 相 25484 刀闸气室（与故障气室同气室）的 SF_6 气体湿度为 3 162 μL/L，检查历史湿度测量结果，2016 年 8

月的 25484 刀闸气室湿度为 118.2 μL/L，2019 年 10 月的 25484 刀闸气室湿度为 315 μL/L，增长了约 200 μL/L。考虑到该气室在投运后未进行过开盖检查或检修，XF 甲线 A 和 B 相的相同位置气室在故障后的湿度为 1 355 μL/L 和 974.3 μL/L，明显低于 C 相湿度，且这两个气室通过气管与 C 相气室相连，所以水分是故障后由 C 相扩散过去的。由此判断故障后湿度超标的原因可能是吸附剂受放电热量影响，释放了被吸附的水分，导致 SF_6 气体湿度超标，可基本排除 SF_6 气体湿度超标，造成绝缘盆子沿面闪络的可能性。

综上所述，判断本次放电故障的根本原因是绝缘盆子表面存在固有绝缘缺陷，在长期运行中逐渐发展，最终造成绝缘盆子沿面闪络。固有绝缘缺陷的来源可能是绝缘盆子表面吸附的微小杂质，或是因出厂和交接试验过程中产生的轻微绝缘损伤。

14 110 kV GIS 母线气室放电故障

14.1 故障情况说明

14.1.1 故障前运行方式

2020 年 6 月 8 日，220 kV 某站地为雷雨天气，故障前，该站 110 kV 母线方式并列运行：#1 母线、#5 母线通过刀闸并列；#2 母线、#6 母线通过刀闸并列；#1 主变变中 1101 开关挂#1 母线运行，母联 1012 开关合闸，AL 甲乙线挂#2 母线运行，AD 甲乙线挂#5 母线运行。

14.1.2 故障过程描述

2020 年 6 月 8 日 3 时 38 分 3 秒 078 毫秒，110 kV 母差保护 I 母差动保护启动。

2020 年 6 月 8 日 3 时 38 分 3 秒 084 毫秒，110 kV 母差保护 I 母差动保护动作，跳 110 kV 母联 1012 开关、AD 甲线 1229 开关、AD 乙线 1230 开关和#1主变变中 1101 开关。

03 时 38 分 3 秒 140 毫秒，110 kV 母联 1012 开关分位。

03 时 38 分 3 秒 141 毫秒，110 kVAD 甲线 1229 开关和 110 kVAD 乙线 1230开关分位。

03 时 38 分 3 秒 152 毫秒，#1 主变 110 kV 变中 1101 开关分位，故障电流消失。

14.1.3 故障设备基本情况

故障设备为新东北电气集团高压开关有限公司产品，型号为 ZFW20-126（L），2019 年 6 月出厂，2019 年 10 月投运。

14.2 故障检查情况

14.2.1 现场检查情况

1. 故障后 GIS 外观检查

开关及母线罐体壳体、波纹管、堵头盖板外观正常，无变形及放电痕迹。所有气室气压正常，如图 2.14.1 所示。

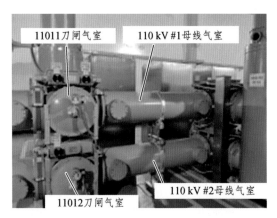

图 2.14.1　故障 GIS 气室外观

2. SF₆气体分解产物测试

对 GIS 气室进行 SF₆ 分解产物测试，结果如表 2.14.1 所示。可见，#1 主变变中 11011 刀闸气室 SF₆ 分解产物已超过设备量程，严重超过规程注意值。变中 1101 开关气室检出 H₂S 和 CO，110 kV 母联 1012 开关气室检出 SO₂、H₂S 和 CO，但均未超过注意值，#1 主变变中 11012 刀闸气室、110 kV 母联 10122 刀闸气室和 10121 刀闸气室检出 CO，但均未超过注意值。通过 SF₆ 气体分解产物测试，确定#1 主变变中 11011 刀闸气室及与其相通的#1 母线气室发生了放电故障。

表 2.14.1　SF₆ 分解产物测试（故障后）

设备名称	露点（°C）	湿度值/（μL/L）	湿度值/（μL/L，20 °C）	分解物/（μL/L）			试前设备压力/MPa	试后设备压力/MPa	定性检漏
				SO_2	H_2S	CO			
#1 主变变中 11011 刀闸气室	-38.56	150.4	105.9	大于 101（超量程，无法测出）	大于 100（超量程，无法测出）	31.7	0.523	0.523	无漏点
#1 主变变中 1101 开关气室	-37.84	162.9	111.5	0	1.68	0.3	0.624	0.624	无漏点
110 kV 母联 1012 开关气室	-40.59	119.7	80.9	0.42	0.95	0.9	0.62	0.62	无漏点
#1 主变变中 11012 刀闸气室	-38.21	156.3	107.5	0	0	1.2	0.540	0.540	无漏点
110 kV 母联 10122 刀闸气室	-42.71	93.9	64.0	0	0	0.8	0.531	0.531	无漏点
110 kV 母联 10121 刀闸气室	-37.50	169.1	117.0	0	0	1.3	0.521	0.521	无漏点

14.2.2 解体检查情况

1. 气室内部情况

#1 主变变中 11011 刀闸气室和 110 kV #1 母线气室及其导体覆盖有大量灰白色的放电分解粉末，如图 2.14.2 和图 2.14.3 所示。刀闸与母线气室之间的气通绝缘盆子在#1 母线一侧的表面已熏黑，母线气室侧的 B 相转向导体有明显的放电烧蚀痕迹，且存在非放电产生的划痕，母线气室筒壁也有放电烧蚀痕迹（虚线框），#1 母线气室两侧的气隔盆子表面未见明显异常，如图 2.14.2 所示。

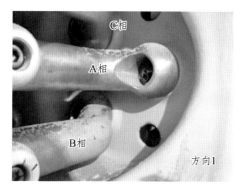
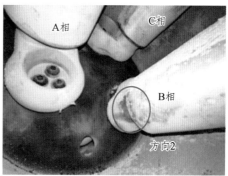
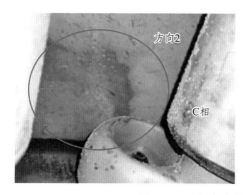
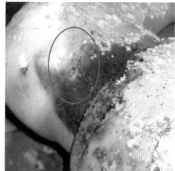

图 2.14.2　气室内部检查概况

2. 解体检查情况

11011 刀闸气室与#1 母线气室之间的气通盆子表面已被熏黑，但盆子绝缘没有发现明显的沿面闪络通道，盆子内嵌导体没有发现明显的放电或过热烧蚀痕迹，如图 2.14.3 所示。

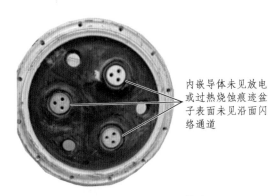

内嵌导体未见放电
或过热烧蚀痕迹盆
子表面未见沿面闪
络通道

图 2.14.3　气通盆子状态

A、B 和 C 三相转向导体接近盆子的导体表面均发现多处对应的相对地和相间放电点，部分放电点图像与位置如图 2.14.4 所示。其中，就烧蚀严重程度而言，B 相导体最为严重，C 相导体次之，A 相导体烧蚀情况较轻，如图 2.14.4 所示 B 相导体的放电位置应为初次放电点。此外，如图 2.14.4 所示的 B 和 C 相转向导体对地放电点也是 GIS 内电场强度较高的区域。

部分相间放电点

图 2.14.4　转向导体位置及其放电点

对母线导体进行检查，可以发现母线导体与转向导体插接的部位存在放电痕迹。检查气室壳体可以发现，壳体三相均存在对壳体放电留下的痕迹，与三相导体对地放电点一致，如图 2.14.5 所示。

3. 放电产物（固体粉末）分析

分别采集了 11011 刀闸气室及其相邻的 #1 母线气室的放电分解粉末进行成分分析。分析结果表明，11011 刀闸气室与 #1 母线气室的放电产物（固体粉末）成分主要为 F 和 Al 元素，含有少量的 C、O 和 Mg 元素，未检测到 Fe 和 Cu 等元素，说明发生放电故障时，没有 Fe 或 Cu 元素含量较高的金属异物参与放电反应。

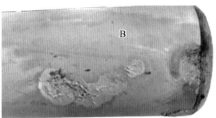

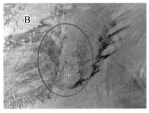
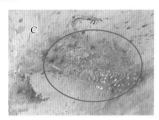

图 2.14.5　母线导体及壳体放电点

14.2.3　落雷与避雷器检查情况

1. 落雷情况

根据雷电监测系统，2020 年 6 月 8 日 3 时 38 分 3 秒 078 毫秒，该站 110 kV 出线杆塔附近有一次较强的落雷，如图 2.14.6 所示。落雷时间与该站#1 母线的母差保护启动时间相同。因此，该落雷与本次#1 母线放电故障具有强关联性。

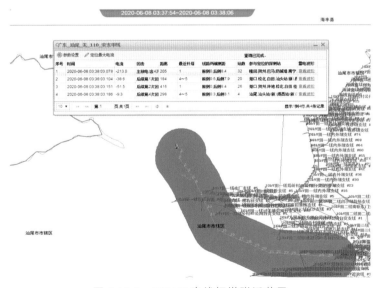

图 2.14.6　110 kV 出线杆塔附近落雷

2. 避雷器动作情况

分别检查各 110 kV 出线间隔与#1 主变变中间隔的避雷器动作次数，如表 2.14.2 所示。可见，在两次检查之间，共有 4 相避雷器有动作，各动作 1 次。其中，AL 乙线 B 相避雷器在两次动作计数检查之间动作过一次，可能与本次故障有关。其他三次均为 A 相动作。

表 2.14.2　避雷器动作次数检查（本次：2020 年 6 月 9 日；上次：2020 年 5 月 17 日）

间隔名称		A 相	B 相	C 相
#1 主变变中 1101 间隔	本次	7	6	6
	上次	6	6	6
安东甲线 1229 间隔	本次	7	6	6
	上次	6	6	6
安东乙线 1230 间隔	本次	6	6	6
	上次	6	6	6
安兰甲线 1227 间隔	本次	7	6	6
	上次	6	6	6
安兰乙线 1228 间隔	本次	6	7	6
	上次	6	6	6

3. 故障录波分析

故障录波如图 2.14.7 所示。可见，约 3 时 38 分 03 秒 078 毫秒，110 kV#1 母线 B 相出现接地短路故障，B 相电压下降为零，随后，C 相和 A 相出现接地短路故障。故障录波系统所记录到的#1 母线零序电压 $3U_0$ 峰值约为 -271.06 kV。#1 主变变中 1101 间隔三相故障短路电流有效值在 5 ~ 6.5 kA 之间，故障录波系统所记录到的零序电流 $3I_0$ 峰值约为 -20.65 kA。图中还可以看出，AL 乙线 B 相电流波形在故障起始时刻附近存在尖峰，该电流尖峰可能由雷电流引起。

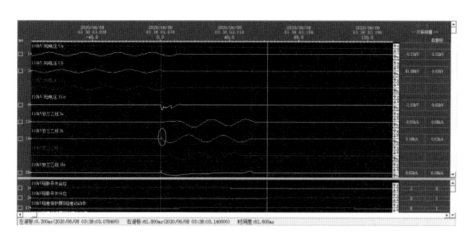

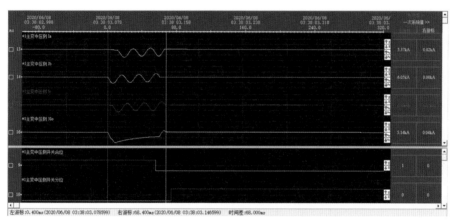

图 2.14.7　故障录波

14.3　故障检查情况

根据故障录波情况，可确定放电过程为#1 母线 B 相先发生接地短路故障，并迅速引发三相接地短路故障。放电故障位置为 11011 刀闸气室和#1 母线气室相连的气通盆子附近，且位于#1 母线气室一侧。

结合雷电监测系统，在母差保护启动时刻，AZ 站出线杆塔附近有较强落雷，可判断#1 母线放电故障诱因应是雷电过电压。

开盖与解体检查等工作发现，发生故障的#1 母线导流回路的回路电阻无异常，各导体插接部位无过热烧蚀痕迹，可以确定本次放电不是因过热缺陷而致。对放电分解产物粉末的检测结果表明：在放电过程中，含有大量 Fe 元素的金属异物参与放电的概率较低。气通绝缘盆子表面及其内嵌导体无明显沿面闪络或放电痕迹，且放电粉末成分中，C 元素含量低，判断绝缘盆子存在绝缘缺陷的可能性较低，放电故障应不是起始于绝缘盆子沿面闪络，而起始于气隙击穿。

雷电过电压诱发 GIS 气隙击穿的可能性分析如下：AZ 站 110 kV 区域避雷器为无间隙氧化物避雷器，其残压最大值为 281 kV。在避雷器正常动作的情况下，进入#1 母线的雷电过电压最高可达 281 kV，高于交接试验工频耐压值（230 kV）。因此，虽然 GIS 设备通过了出厂与交接时的工频耐压试验，但不能保证 GIS 设备可以承受避雷器残压。

此外，与工频耐压试验相比，雷电冲击电压峰值更高，可在导体表面微小毛刺或异物处产生更高电场强度，更能暴露导体表面的微小毛刺或异物缺陷。因此，当导体表面存在微小毛刺或异物时，GIS 正常工作时的工频电压可能不足以引发放电击穿故障或可检测到的局部放电，但在雷电过电压作用下，则可能会发生放电击穿故障。

综上所述，判断放电故障根本原因是生产装配过程中，存在清洁度控制不足、打磨工艺不佳或导体表面刮蹭等问题，导致导体表面存在微小毛刺，形成 GIS 内部绝缘缺陷。

第 3 章　开关爆裂引发

人身安全风险的典型故障

1 220 kV 瓷柱式断路器套管炸裂事故

1.1 故障情况说明

1.1.1 故障前运行方式

2022 年 1 月，220 kV 某站地区小雨，气温 20～24 ℃。该站为双母接线方式，故障前#2 主变挂Ⅱ母运行，220 kV 母联开关在运行。其中，Ⅰ母出线 6 回，Ⅱ母出线 2 回。

1.1.2 故障过程描述

1 月 25 日 21 时 49 分，该站 220 kV 母线保护 A、B 屏变化量差动跳Ⅰ母动作，跳开 220 kV 某Ⅰ线 2251、某Ⅰ线 2253、某Ⅰ线 2255、#1 主变高压侧 2201、220 kV 母联 2212，无负荷损失。该站 220 kV 母差保护装置差动保护动作跳Ⅰ母所有间隔及远跳对侧变电站开关。其余运行设备方式无变化。

1.1.3 故障设备基本情况

故障设备为北京 ABB 产品，型号为 LTB245E1，2010 年 3 月出厂，2010 年 8 月投运。

1.2 故障检查情况

1.2.1 外观检查情况

附近地面上存有炸裂后受冲力作用掉落的动、静触头。其中静触头本体有撞击痕迹，两头部位已变形。动触头本体靠近中部法兰部分有明显烧黑痕迹。动、静触头连接处未发现烧灼现象，弧触头及主触头由于电动力及外部机械应力已弯曲变形。拉杆整体呈贯穿性击穿，且表面开裂有烧焦痕迹，两端呈灰黑色丝状。检查开关机构本体，在分闸掣子靠箱体处海绵有烧焦痕迹，两分闸电磁铁及二次线均已烧毁，如图 3.1.1～3.1.3 所示。

灭弧室触头已变形

图 3.1.1　现场灭弧室检查情况

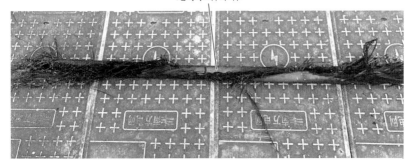

绝缘拉杆本体

图 3.1.2　现场绝缘拉杆检查情况

烧毁的分
闸线圈一

烧毁的分
闸线圈二

图 3.1.3　现场机构箱检查情况

1.3 故障原因分析

（1）断路器本体发生漏气或 SF_6 气体成分异常，将引起断路器内部绝缘强度降低，导致接地故障的发生。本台断路器于 2021 年 11 月进行了 SF_6 组分检测，结果正常，查询巡检记录和主控室报文显示，此台断路器未发生漏气现象，故排除了该项可能。

（2）绝缘拉杆本身存在缺陷：绝缘拉杆在生产过程中如果内部存在气孔、夹杂物等缺陷，随着产品带电运行时间的不断增长，绝缘拉杆内部缺陷逐渐被局部击穿并延伸，造成绝缘强度不断劣化，最终发生击穿，综上所述，判断绝缘拉杆击穿是造成本次事件的直接原因。

2 500 kV 瓷柱式断路器均压电容爆炸故障

2.1 故障情况说明

2.1.1 故障过程描述

2018 年 6 月 19 日 9 时 25 分，根据调度指令停运 500 kV NA 线 I 回，先操作断开 5022 断路器，在断开 5021 断路器后，经过 565 ms，5021 断路器 C 相靠电流互感器侧断口均压电容器冒烟，并出现极大的"嗡嗡"声响，随即发生燃爆炸裂，故障持续 7.237 s，引起拉弧造成 C 相断口对门型钢杆放电，造成 500 kV I 母母差保护动作出口跳开 500 kV I 母侧所有开关。

2.1.2 故障设备基本情况

故障设备为西门子（杭州）高压开关有限公司产品，设备型号：3AT2 EI，生产日期为 2012 年 2 月，投运时间为 2015 年 10 月。

故障部件品类：5021 断路器 C 相均压电容 2 只，生产厂家：无锡市联达电器有限公司，设备型号：JWM250-2000GH，投运时间为 2015 年 10 月。

2.2 故障检查情况

2.2.1 外观检查情况

500 kV I 回 5021 断路器 C 相 2 支均压电容损坏，5021 断路器 C 相外部受电弧灼烧，SF_6 气压正常，分解产物无异常，5021 电流互感器 C 相引线及外壳也有电弧灼烧痕迹，门型架支柱处有 3 处电弧灼烧痕迹，如图 3.2.1 所示。

2.2.2 解体检查情况

2018 年 11 月，在无锡联达电器公司对 5021 间隔编号为 288 及 4864 的 2 只并联电容器进行了解体检查。

（a）5021 断路器 C 相外部受火焰
电弧灼烧

（b）5021 电流互感器 C 相引线及
外壳有火烧电弧痕迹

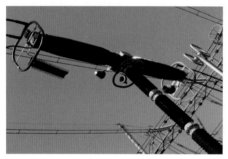

（c）5021 断路器 C 相均压电容断裂

（d）5021 断路器 C 相均压电容
对门型钢杆放电

图 3.2.1　现场检查图

1. 外观检查

经外观检查，电容器瓷套、两端端盖板、瓷套管法兰、注油口位置等部位均无异常。

2. 密封试验

选取编号为 4864 的电容器，在清洁了两端盖板、瓷套法兰、注油口后，在端盖板间隙和注油孔部位涂抹白色粉末，进行 60 ℃ 条件下的 16 h 密封试验，试验结束后白色粉末均未变色，试验合格。

3. 绝缘试验

2 只均压电容按照出厂试验项目进行试验，并与原始出厂试验报告的试验数据进行比较，试验结果合格。

另外对编号为 288 的电容器进行雷电全波试验，负极性 80% 和 100% 的电压各 3 次，试验结论合格。

4. 本体解体检查

编号为 288 的电容器（一端无孔，一端两孔），盖板、密封圈无异常，在非铭牌侧膨胀器套筒外表面，发现两处放电痕迹，内部膨胀器片无异常。

编号为 4864 的电容器（两端各 1 个孔），盖板、密封圈、膨胀器套筒、芯体及芯体护板均无异常，在非铭牌侧，膨胀器套筒端盖板未使用导线进行连接，仅使用膨胀器端部螺纹拧紧盖板。如图 3.2.2 所示。

图 3.2.2　电容器解体图

2.3　故障原因分析

2015 年，某站进行增容改造，全站 19 台 3AT2EI 断路器的短路开断电流从 50 kA 升级至 63 kA，因此向杭州西门子订购了 114 只 2 000 pF 的均压电容。由于当时库存的均压电容绝缘瓷套数量不够，杭州西门子将 84 只由 HSP 进口的 1 000 pF 电容器交给无锡联达进行重新生产，改成 2 000 pF 的额定容量。通常情况下，这种改制只能利用原有的绝缘套管（需进行清洗、探伤等），其余零件如电容芯、膨胀器、绝缘油，端部盖板及密封圈必须全部更换，并进行全套出厂试验，合格后方可交货。但是，由于相关人员的离职，无锡联达未完全收悉上述要求，只更换了电容芯、绝缘油和密封圈，未更换端部盖板和膨胀器，进行出厂试验后，试验结果符合设计要求。

经了解，HSP 和无锡联达在抽真空、注油及膨胀器充气相关工艺存在较大的差异。HSP 的膨胀器在电容总装前已经预充入了一定压力的空气，电容器的两块盖板中一块表面没有孔，另一块有两个孔，分别用于抽真空及注入绝缘油。

无锡联达的膨胀器需要在电容总装后再冲入一定压力的空气，其电容器的两块盖板表面各有一个孔，其中一块盖板的孔仅用于向膨胀器充气，另一块盖板的孔用于抽真空、注入绝缘油、向膨胀器充气共三道工序。

在制造这批 84 只电容时，无锡联达的操作工人未完全理解 HSP 的工艺要求就重新使用了 HSP 的原装膨胀器和盖板，在装配电容器时，盖板搭配使用存在混乱现象，部分电容器两块盖板上均有两个孔，导致部分电容器的两块盖板均没有孔，从而无法抽真空而直接注油。

由于个别电容器没有进行抽真空，其内部肯定会有微量空气残存。出厂时虽然进行了工频耐压、电容量测量、介损测量和局放测量等试验，但由于测试加压时间有限，很难检测出内部微量空气的存在。

带有上述缺陷的均压电容投运后，膨胀器区域将成为高场强区，微量空气逐渐聚集在其周边，形成气泡，导致该区域电场畸变而局部放电。随着运行时间的推移，局部放电产生的一些杂质会污染附近的电容元件，使其在工作电压下击穿，这种放电-击穿的过程会一直持续下去，其产生的直接结果是电容器的容量会逐渐上升。

该 2 000 pF 的电容器内部是由 241 只 0.482 μF 的电容元件串联组成，随着被击穿的元件数量增加，剩余的完好元件承受的场强越来越高，直至整只电容器击穿。

5021 断路器在 11 月 8 日按要求进行分闸操作，由于线路对侧断路器已经分闸，因此 5021 实际上是进行切除空载长线的操作。断路器在息弧后将同时承受线路侧残余电压和母线侧电源电压的共同作用，内部已经损伤的 5021C 相电容相继被彻底击穿，出现高频电流，持续时间近 600 ms。放电电流在电容器内部不断加热绝缘油，其温度上升分解产生 H_2、CO、C_2H_2 等气体，内部压力持续上升，最终导致端部盖板的 4 颗 M6 紧固螺丝断裂，盖板飞出，高温高压气体迅速涌出，遇到外部空气后产生爆燃，电容器的瓷套管被炸裂。随着故障的发展，导致对接地的金属构架放电，保护在检测到对地故障电流后迅速动作，切除故障，避免了故障升级。

2.4 应采取的措施

（1）该站的 84 只 JWM250-2000H 均压电容生产工艺不规范，存在抽真空注油的不稳定性，应尽快对该批次均压电容全部予以更换。

（2）264 只无锡联达按其固有工艺制造的 JWM250-0.0020GH 均压电容均安装于 3AP2/3FI 断路器。其两端盖板均有一个抽真空注油孔，该孔位于端盖板正中心，盖板与瓷套法兰连接采用 8×M6 螺栓紧固。该型号电容不存在未抽真空的风险，可以继续正常运行。在正常的日常巡视时，应观察是否存在渗漏油情况。在停电检修时，应仔细测量容量、介损等参数，并与出厂值及上次预试值进行比较，如果发现电容值明显上升（1%以上），应引起重视；必要时应退出运行，进行耐压和局放试验。

（3）要求无锡联达持续完善电容生产的工艺流程和质量控制计划，西门子加强重要零部件入厂检验，确保电容内部重要零部件不存在磕碰、刮伤、磨损等导致放电的因素；加强过程检验，强化员工的质量意识，进一步提高产品供货质量。

3 110 kV 瓷柱式断路器灭弧室炸裂故障

3.1 故障情况说明

3.1.1 故障前运行方式

220 kV 某站 220 kV1 号母线运行，220 kV2 号母线冷备用，220 kV1 号主变运行，110 kV1、2 号母线运行，110 kV 母联 100 开关运行，10 kV1 号母线运行。220 kV1 号母线上运行设备：220 kV DCⅡ线 2055 开关、220 kV GC 线 2052 开关、220 kV1 号主变 2001 开关；110 kV2 号母线上运行设备：220 kV1 号主变 101 开关；110 kV1 号母线上运行设备：110 kV 朝枫线 135 开关；110 kV 其他开关在冷备用。

3.1.2 故障过程描述

2020 年 5 月 13 日 03 时 23 分，220 kV 某站 220 kV 1 号主变主一保护、主二保护中压侧后备保护中压侧零序过流Ⅰ段 1 时限动作跳开 110 kV 母联 100 开关；中压侧零序过流Ⅰ段 2 时限动作跳开 1 号主变 101 开关，110 kV 母线电压消失；接地阻抗、相间阻抗Ⅰ段 1 时限动作，跳开 110 kV 母联 100 开关；接地阻抗、相间阻抗Ⅰ段 2 时限动作，跳 1 号主变 101 开关；中压侧接地阻抗、相间阻抗Ⅰ段 3 时限动作跳开 1 号主变 2001 及 901 开关，故障电流消失；故障相别 C 相。故障造成 220 kV 某站 1 号主变三侧开关跳闸、110 kVⅠ、Ⅱ段母线非计划停运；造成由 110 kV 朝枫线供电的 110 kV 某站失压。

3.1.3 故障设备基本情况

故障设备为苏州阿尔斯通高压电气开关有限公司产品，型号为 GL312F1/4031P，生产日期为 2018 年 12 月 1 日，投产日期为 2019 年 12 月 16 日。

3.2 故障检查情况

3.2.1 外观检查情况

现场检查发现，220 kV 某站 110 kV1 号主变 101 开关 C 相灭弧室炸裂，飞溅的瓷片致使附近 110 kV 1 号主变 1011 刀闸 A 相旋转瓷瓶、1012 刀闸 A 相旋转瓷瓶、110 kV NCⅠ线 1332 刀闸 C 相旋转及支撑瓷瓶和 A、C 相导线支撑瓷瓶，以及后期 3 号主变压器过桥架空线悬式绝缘子串破损，连接 101 开关 C 相与 CT 之间的管母开关侧倾倒在地上，如图 3.3.1 所示。

图 3.3.1　现场检查图

3.2.2　解体检查情况

2020 年 5 月 19 日至 20 日，对发生故障的 220 kV 某站 110 kV 1 号主变 101 开关故障相（C 相）及完好相（B 相）进行现场解体对照检查。该开关灭弧室为变开距自能式结构。发现故障相内部灭弧室烧伤严重，跌落在地面上的上主触头触指烧蚀约 4 cm，保留在极柱上的下主触头一侧烧蚀严重约 5 cm×9 cm，上下弧触头烧损明显；灭弧室未烧伤部分螺柱紧固良好，无明显松动，聚四氟乙烯喷嘴随上触头整体脱落，本体对地绝缘拉杆完好，无放电痕迹，绝缘电阻大于 5 100 GΩ，顶部防爆膜完好。同时检查发现厂家设计极柱紧固螺栓采用欧洲进口标准螺栓无须装弹簧垫圈，但实际使用国产螺栓，关键技术参数差距较大且未加装弹簧垫圈。

3.3　故障原因分析

前期 220 kV 某站 110 kV 1 号主变 101 开关一直未带负荷运行，本次 110 kV FM 变电站接入后，该开关首次带负荷运行约 21 min 后发生灭弧室炸裂。结合解体情况及厂家处理同型号断路器回路电阻超标经验，分析认为断路器极柱产生位移，导致断路器在合闸运动中产生的异常扭矩造成灭弧室内上下触头对中偏移，造成合闸接触不良、负荷电流增大，内部发热烧熔及产生电弧，造成开关灭弧室炸裂。

3.4　应采取的措施

（1）对该同型号断路器的所有安装螺栓进行力矩校验，检查是否存在运行中设备安装螺栓力矩变化，对断路器极柱固定螺栓加装弹簧垫圈并按力矩要求紧固。

（2）对该同型号断路器开展回路电阻及特性试验专项检查，检查前断路器传动不少于30次，并对传动前后进行特性试验和回路电阻测试数据比对分析。

（3）督促厂家提供该开关 C 相顶部防爆膜　校验报告。

第4章 开关引发西电东送通道

大幅降功率及闭锁风险的典型故障

1 500 kV GIS 断路器选相合闸控制相位不准确

1.1 故障情况说明

1.1.1 故障前运行方式

2021 年 12 月 15 日，某换流站极 2 高端换流器为交流侧热备用状态。

2021 年 12 月 27 日，某换流站极 1 低端阀组运行，输送功率为 400 MW，极 2 低端阀组为交流侧热备用状态。

1.1.2 故障过程描述

2021 年 12 月 15 日 10 时 14 分，该站执行极 2 高端换流器由交流侧热备用转热备用操作（对换流变充电）。10 时 14 分 36 秒，KB 站 500 kV 573 交流滤波器小组 A/B 套保护 R2 反时限过负荷保护动作，573 交流滤波器跳闸。现场申请停电对 573 滤波器进行检查，发现 573 滤波器 A 相 R2 电阻器烧蚀；查询录波发现极 2 低端换流变在转热备用过程中产生较大的励磁涌流（约 7 kA）。2021 年 12 月 27 日 01 时 20 分 51 秒，该站在 LZ 站完成消缺复电过程中，合上 5073 开关对极 2 低端换流变充电时出现励磁涌流（约 5 kA），交流滤波器小组 B 套保护 R2 反时限过负荷保护动作再次出现，585 交流滤波器跳闸。两次时间的 SER 时序图分别如图 4.1.1 和 4.1.2 所示。

从时序图来看，两次交流滤波器跳闸都是 KB 站极 2 低端阀组换流变充电后，573 或 585 交流滤波器 R2 反时限过负荷保护启动，达到时间定值后动作，573 或 585 交流滤波器因保护动作退出后，替换的交流滤波器投入。

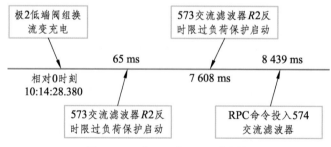

图 4.1.1 "12.15" SER 时序图

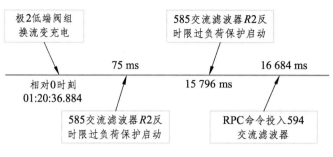

图 4.1.2 "12.27" SER 时序图

1.1.3 故障设备基本情况

开关设备为河南平芝高压开关有限公司产品，型号为 GST-550BHC，液压氮气储能，配置合闸电阻（1 500 Ω，合闸时，短时投入 10 ms），2019 年出厂，2020 年投运。

电阻器为西安高压电器研究院常州有限责任公司产品。

1.2　故障检查情况

1.2.1　外观检查情况

"12.15" 事件发生后，现场检查 500 kV 573 交流滤波器 573 开关三相在分闸位置，SF_6 压力、弹簧储能、外观检查无异常，$R2$ 电阻丝网存在明显过热烧毁现象。

"12.27" 事件发生后，现场检查 585 交流滤波器电阻阻值正常，于 12 月 28 日恢复交流滤波器正常运行。本次开关动作前后，均对 5073 开关开展了巡视，三相储能压力均在 33 MPa，储能正常，机构本体及储能模块均无渗漏油情况，SF_6 表计压力正常，巡视无异常。

1.2.2　录波检查情况

5073 开关配置了合闸电阻及选相分合闸装置，为保证开关在 90°合闸，选相分合闸装置根据开关设备合闸时间设定在过零点后的固定时间进行合闸。

开关合闸离散性：核查 5073 开关两次充电故障录波，12 月 15 日、27 日分别与预设合闸时间偏差 3.85 ms、3.46 ms，导致产生了 7 kA、5 kA 涌流（如图 4.1.3 和 4.1.4 所示）。核查成套设计方案，交流滤波器电阻器过负荷能力按合闸偏差在±2 ms 内进行设计，两次异常时合闸偏差已超出设计边界。

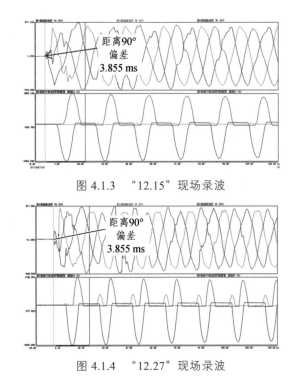

图 4.1.3　"12.15"现场录波

图 4.1.4　"12.27"现场录波

1.2.3　试验验证情况

对 5073 开关开展动作特性测试,发现在环境温度 12 ℃时合闸时间为 72 ms(测试 10 次,离散度在 1 ms 以内),较 2021 年 6 月份环境温度 24 ℃时合闸时间 70 ms 增加了 2 ms,可见液压氮气机构动作特性受环境温度影响较大,导致合闸时间存在偏差(对比液压碟簧机构在-10～+50℃下,偏差在 0.5 ms 以内)。考虑开关机构偏差后仍有约 1.7 ms 偏差,初步分析认为该偏差可能是由合闸电阻机械和电气预击穿离散性引起。

1.2.4　仿真复现情况

经仿真验证,异常发生时,直流低负荷运行、仅投入最小滤波器 1A+1B,交流系统 100～150 Hz 附近的阻抗值较大,导致励磁涌流衰减较慢,造成 B 型滤波器内 $R2$ 电阻器长时过荷,达到过负荷能力(约 13 MJ)。

双极闭锁风险评估:直流低负荷时 B 型滤波器有冗余备用,发生跳闸将立即投入;大负荷运行时,滤波器投入组数多,$R2$ 电阻器能量(1.76 MJ)低于设备过负荷能力(13 MJ),初步评估不存在直流双极闭锁风险。

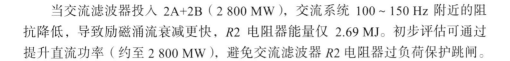

当交流滤波器投入 2A+2B（2 800 MW），交流系统 100～150 Hz 附近的阻抗降低，导致励磁涌流衰减更快，R2 电阻器能量仅 2.69 MJ。初步评估可通过提升直流功率（约至 2 800 MW），避免交流滤波器 R2 电阻器过负荷保护跳闸。

1.3　故障原因分析

经分析，交流滤波器跳闸原因为受温差变化影响，使用液压氮气储能机构的换流变断路器合闸时间与预设值产生较大偏差，换流变充电时产生较大的励磁涌流，在直流低负荷运行方式、交流系统 2、3 次阻抗较大情况下励磁涌流衰减较慢，导致流过 B 型滤波器三次谐波电流超过电阻器过负荷能力，引发交流滤波器跳闸。

1.4　应采取的措施

明确断路器操作机构受温度影响动作特性及合闸电阻特点，制定开关与选相合闸装置自适应功能的配合策略，并明确选相合闸用开关选型标准。

2 110 kV 瓷柱式断路器延时分闸故障

2.1 故障情况说明

2.1.1 故障前运行方式

故障前 220 kV HD 变电站 110 kV XHT 线 173 等 8 台断路器运行于 110 kV Ⅱ 母线，110 kV HQ 线 171 等 8 台断路器运行于 110 kV Ⅰ 母线，110 kV Ⅰ、Ⅱ 母线经 110 kV 母联 112 断路器联络运行。故障发生时刻无任何操作。

2.1.2 故障过程描述

2018 年 11 月 08 日 13 时 17 分，220 kV HD 变 110 kV XHT 线保护启动，之后 400 ms，零序 Ⅱ 段出口，在保护启动之后的第 2 227 ms，110 kV XHT 线 173 断路器的重合出口，在 2 403 ms 时，距离 Ⅱ 段瞬时加速，在 2 486 ms 时，零序 Ⅲ 段加速出口，故障测距为 11.25 km。故障时分闸有延时表现。

2.1.3 故障设备基本情况

故障设备为江苏如高高压电器有限公司产品，型号为 LW36-126（W）/ 3150-40，2009 年 10 月出厂，2010 年 09 月投运。

2.2 故障检查情况

2.2.1 机构检查

合闸弹簧杆（以下简称：连杆）右上端侧面与基座输出轴台阶式凸出部位（以下简称基座台阶部位）均有碰撞痕迹，合闸连杆一侧呈黑色，碰撞产生的刮擦痕迹较浅，基座台阶部位刮擦痕迹较深，呈现银灰色，如图 4.2.1 和 4.2.2 所示。

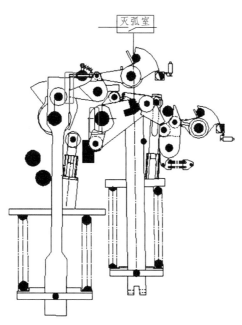

图 4.2.1　LW36-126（W）断路器操动机构原理图

（a）合闸连杆碰撞处　　　　　　（b）基座台阶部位碰撞处

图 4.2.2　合闸连杆与基座台阶部位碰撞情况

　　为了确定在合闸过程中，合闸连杆和基座台阶部位是否有碰撞，现场用记号笔在基座台阶部位碰撞刮痕处涂上黑色记号，现场进行合闸操作后，发现基座台阶部位碰撞刮痕处黑色记号被擦去，证实合闸连杆和基座台阶部位在合闸过程中确实发生碰撞，如图 4.2.3 所示。

（a）基座台阶部位碰撞处涂上黑色记号　　（b）基座台阶部位碰撞处合闸后

图 4.2.3　基座台阶部位碰撞处涂上黑色记号及合闸操作后情况

通过以上检查的情况，可以明确 173 断路器的合闸连杆与基座台阶部位有碰撞故障。

试验中还发现，断路器 173 在分合闸操作中，合闸是否到位存在概率现象，通过合闸试验次数统计得，10 次合闸操作中有 2 次合闸到位，8 次合闸不到位，合闸到位率 20%。合闸到位与不到位情况如图 4.2.4 所示。

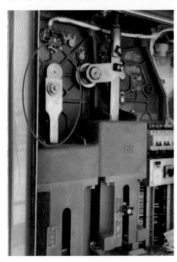 

（a）合闸到位图　　　　　　　　（b）合闸不到位图

图 4.2.4　173 断路器合闸情况

2.2.2　试验验证情况

现场进行了三次 173 断路器动作特性试验，两次合闸，一次分闸。通过试验发现：第一次合闸（合闸不到位），合闸速度为 2.43 m/s（厂家规定值：3 ~ 4 m/s），不合格，合闸曲线中没有过冲行程。第二次合闸（合闸到位），合闸速度为 2.93 m/s（厂家规定值：3 ~ 4 m/s），不合格，合闸曲线中有一定程度的过冲行程，但较小。分闸速度 4.68 m/s，在厂家规定值（4 ~ 5 m/s）范围内，分闸曲线未见明显异常。

2.3　故障原因分析

（1）合闸连杆上部孔制造存在偏心，导致存在碰撞的一侧合闸连杆上部孔轴心至合闸连杆右侧距离增大了至少 1 mm。

（2）储能轴到基座上铣出的台子（碰撞部位）的最小距离存在 0.62 mm 负偏差，故合闸连杆同基座铣出的台子部分更容易碰撞。

（3）合闸弹簧连杆上部轴承需注油，但厂家在产品设计时并未考虑出厂后可能需要对该轴承进行注油维护，将轴承完全包围在合闸连杆内部，故该轴承在运行一定时间后存在摩擦、卡涩等问题（经合闸连杆拆卸后手动检查得知存在摩擦），并在一定的条件下使合闸连杆存在向右的位移，从而使得合闸连杆与基座突出部位存在碰撞的可能。

2.4　应采取的措施

（1）对同类型产品进行现场排查。

（2）对存在碰撞或间隙过小的设备及时停电进行处理；未存在碰撞或间隙过小问题的设备，建议结合 A 修更换合闸连杆（带免维护轴承套结构）。

3 500 kV 瓷柱式断路器合闸故障

3.1 故障情况说明

3.1.1 故障前运行方式

2021 年 11 月，500 kV GC 站 500 kV 1M、2M 母线运行，500 kV TGJ 线等 10 条 500 kV 线路运行，5061、5063 开关运行，5062 开关处于热备用状态。

3.1.2 故障过程描述

2021 年 11 月 27 日 15 时 08 分，地调遥控合上 500 kV GC 站 500 kV 第六串联络 5062 开关时，A、C 相开关合闸，三相不一致动作跳开 A、C 两相开关，约 41 s 后，B 相开关合闸，A、C 相在分位，三相不一致动作跳开 B 相，5062 开关合闸失败。

3.1.3 故障设备基本情况

故障设备为北京 ABB 高压开关有限公司产品，型号为 HPL550TB2，2009 年 2 月出厂，2009 年 12 月投运。

3.2 故障检查情况

3.2.1 开关本体检查

检查 5062 开关三相设备外观良好，未发现明显异常，机构箱密封、封堵及清洁良好，加热器运作正常，分合闸线圈无烧蚀痕迹，测试线圈阻值正常，储能电机回路正常。

3.2.2 二次设备检查情况

二次设备外观正常，回路及继电器干净整洁，未见进水或绝缘破损等情况，检查操作回路及信号回路不存在寄生回路。

检查 500 kV XGJ 线线路主一、主二保护、500 kV 5061 断路器保护、500 kV 第六串联络 5062 断路器保护均正常，没有相关保护动作信息，后台光字牌报"机构三相位置不一致跳闸"。

检查录波图发现 5062 开关有 2 次录波记录，2021 年 11 月 27 日 15 时 08 分 24 秒，5062 开关 A、C 相合闸，B 相在分位，1 s 988 ms 三相不一致动作，跳开 A、C 相；2021 年 11 月 27 日 15 时 09 分 05 秒，5062 开关 B 相合闸，A、C 相在分位，2 s 12 ms 三相不一致动作，跳开 B 相。

3.2.3　试验验证情况

对 5062 开关 B 相进行开关动作电压测试试验，测得合闸线圈阻值正常，施加动作电压后，B 相开关合闸线圈动作声音清脆，合闸掣子与联锁板之间已脱扣，但开关未立即动作合闸，大约 1 min 后，开关才动作合闸。对 5062 开关 B 相进行释能，对合闸掣子内部进行多次操作及润滑，处理后，再次对 5062 开关 B 相进行开关动作电压测试试验，复测合闸线圈阻值正常，合闸测试施加 80% 的额定电压时开关正常合闸，对开关进行机械特性试验，试验数据合格。随后在开关机构、汇控柜、后台进行多次分合操作，开关 B 相延迟的情况消失。

检查发现，5062 开关 B 相合闸掣子整体铸件表面色泽灰暗，干涩缺乏油脂保护，部分元件表面存在锈斑；滚针及其卡槽干涩，未见油脂润滑；联锁板表面色泽灰暗，与滚针衔接部位干涩未见油脂润滑，如图 4.3.1 和 4.3.2 所示。

施加动作电压前，合闸掣子的联锁板处于扣死状态

图 4.3.1　5062 开关 B 相合闸掣子未脱扣状态

施加动作电压后，线圈正常动作，合闸掣子的联锁板已脱扣，但开关未立即动作合闸

合闸掣子与开关机构之间的联锁存在卡涩

图 4.3.2　5062 开关 B 相合闸掣子脱扣状态

3.3　故障原因分析

5062 开关 B 相合闸延迟原因是 B 相机构合闸掣子中的滚针与联锁板之间存在卡涩，传动组件动作不灵活，合闸线圈动作后合闸掣子无法迅速脱扣，B 相开关合闸动作滞后于 A、C 两相，导致三相不一致动作跳闸。

3.4　应采取的措施

对 HPL550B2、HPL245B1、LTB245E1、LTB145D1/B 型开关分合闸掣子进行一次专项检查，重点关注分、合闸掣子中滚针等关键元件是否存在卡涩等问题，结合断路器时间特性、最低动作电压、分合闸线圈阻值等试验结果，检查设备是否存在隐患。优先开展网公司开关防拒动关键站点、开关拒动叠加保护拒动重要站点 500 kV、220 kV 同类型开关设备。

结合开关设备"一型一册"修编，明确同类型设备分合闸掣子等关键元件维护要求和周期，完善设备运维要求。

对同类型设备分合闸的二次动作信息进行梳理，分析数据是否存在异常。

4 500 kV 瓷柱式交流滤波器断路器爆裂故障

4.1 故障情况说明

4.1.1 故障前运行方式

2018 年 6 月，500 kV NZ 站地区小雨，空气湿度 95%。该站共配置 4 个大组，20 个小组交流滤波器，本次发生事故的 575 交流滤波器断路器处于第二大组，负载滤波器为 D 型，容量为 178 Mvar。

4.1.2 故障过程描述

2018 年 06 月 21 日，NC 线直流降功率，根据无功需求自动切除 575 滤波器（D 型），575 A 相断路器母线侧灭弧室炸裂。

4.1.3 故障设备基本情况

故障设备为西安西电高压开关有限责任公司产品，型号为 LW15A-550，2013 年 1 月出厂，2013 年 08 月投运。

4.2 故障检查情况

4.2.1 外观检查情况

575 断路器 A 相靠母线侧灭弧室瓷瓶炸裂，滤波器侧灭弧室外部完好，支柱绝缘子表面无异常，瓷瓶碎片散落周围，动静触头裸露在空气中，如图 4.4.1 所示。

图 4.4.1　575 A 相断路器母线侧灭弧室

4.3 故障原因分析

（1）环境工况特殊。NZ 站相对其他运行站，具有极特殊的环境工况，小雨天数多，湿度大，575 A 相爆炸时天气小雨，湿度 95%（2014 年 592 B 相爆炸时阴雨天，湿度 92%），在湿度超过 90%的情况下，断路器负载端直流电压分量在两断口的分布主要受外绝缘电导分布影响，如存在不均湿或干带，大部分电压将加在同个断口上，在短燃弧开断时，对触头间介质绝缘恢复考核非常严苛，存在较大概率重击穿的风险。

（2）电气工况特殊。暂态恢复电压（TRV）高。开断容性电流，导致断路器触头间存在较高的恢复电压，根据仿真报告最高可达 1 470 kV。要求断路器动静触头间的绝缘强度恢复要求更快更高。

关合涌流大。关合涌流大导致动静弧触头的烧蚀情况更加严重，更易产生烧蚀粉末。对开关动静弧触头的材质强度、场强设计以及开关与选相合闸装置的配合精度要求更高。

投切频繁。每年分合次数最多可达 300 次，导致动静触头间、中间过渡触指与压气缸间的磨损更加频繁和严重，易产生摩擦粉末。对开关主导电回路的安装工艺和操作机构稳定性均提出了更高要求。

分闸后断口会承受交直流叠加电压。由于电容器侧电压无法突变，随着母线侧电源电压的工频变化，在开关分闸后的持压稳态阶段断口间会承受交直流叠压电压。对断口内、外绝缘考核更为严苛，特别是如果已产生了较多粉末时，更易出现内部击穿。

（3）西开产品 C2 级开断试验考核不充分。

西开该型开关于 2008 年 5 月～8 月在西高所进行了背对背电容器组 C2 级开合试验，采用半极断口进行的直接试验，相比全极断口的合成试验，无法完全反映实际运行工况，考核严苛性相对较低。

（4）西开部分厂内工序工艺不合理，易导致安装质量的分散性。

NZ 站现场故障开关返回西开后，解体均发现内部有较多的金属粉末，经西开分析金属粉末产生的原因主要是开关主回路运动接触件摩擦。西开部分厂内工序和工艺不合理，问题如下：

①触头圆周度、垂直度等缺少检查校形。

②压气缸内外表面润滑脂涂抹的工序和工艺不合理，易导致润滑脂涂抹厚度不均，动作过程中产生粉末。

③压气缸中间触指结构设计不合理，易导致安装过程中的离散性造成同轴对中不佳，在开关操作过程中摩擦产生金属粉末。

（5）西开原开关产品均压电容与断口布置结构不合理。

均压电容和灭弧室为垂直面上下布置，下雨时电容器瓷套和灭弧室瓷套易因雨水桥接，从而改变表面电场分布。ABB、西门子的均压电容与灭弧室均为水平面前后布置。该设计在长期运行过程中逐渐暴露其弊端，但型式试验和出厂试验无法反映出来，如图4.4.2所示。

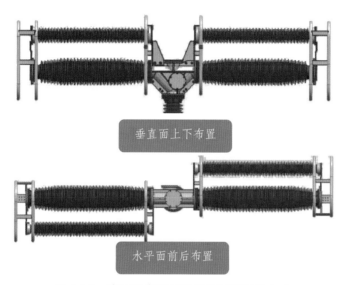

图 4.4.2　均压电容和灭弧室的两种布置方式

（6）触头开距不足，如主触头触指表面状态不良（如磨损），尖端或开断过程异物喷溅会造成引弧，最终导致主触头无法熄弧，多次重击穿，导致灭弧室内温度及压力剧增，最终导致断路器灭弧室炸裂。

4.4　应采取的措施

（1）投入选相分闸功能，延长燃弧时间，系统电流峰值时触头分离。

（2）提高断路器刚分后 10 ms 内的平均速度。

（3）额定气体压力从 0.6 MPa 提高至 0.7 MPa。

（4）加长灭弧室瓷套和电容器瓷套。

（5）优化静弧触头端部圆角。

（6）改进中间触头结构，减小摩擦。

（7）加厚喷口喉部，改善场强。

（8）更改电容器与灭弧室水平面布置方式。

参考文献

[1] 欧阳文敏. 纳秒脉冲下环氧树脂电树枝老化特性的研究[D]. 北京：中国科学院研究生院, 2010.

[2] DAS S, GUPTA N. Effect of ageing on space charge distribution in homogeneous and composite dielectrics[J]. IEEE Transactions on Dielectrics & Electrical Insulation, 2015, 22(1): 541-547.

[3] 刘勇, 张迪, 尤冀川, 等. 小间隙高电场下温度对环氧树脂绝缘特性的影响[J]. 电力系统及其自动化学报, 2016, 28(5): 81-85.

[4] 龚瑾, 李喆, 刘新月. 氧化铝/环氧树脂复合材料空间电荷特性与高温高湿环境下交流电场老化[J]. 电工技术学报, 2016, 31(18): 191-198.

[5] CASTRO L C, OSLINGER J L, TAYLOR N, et al. Dielectric and physico-chemical properties of epoxy-mica insulation during thermoelectric aging[J]. IEEE Transactions on Dielectrics & Electrical Insulation, 2015, 22(6): 3107-3117.

[6] 谢耀恒, 雷红才, 黄海波, 等. 环氧树脂湿热老化过程分子模拟仿真研究[J]. 绝缘材料, 2019, 52(9): 70-77.

[7] 刁智俊, 赵跃民, 陈博, 等. 印刷电路板中环氧树脂热解的 ReaxFF 反应动力学模拟[J]. 化学学报, 2012, 70(19): 2037-2044.

[8] 倪潇茹, 王健, 王靖瑞, 等. 碳纳米管对环氧树脂复合介质电-热裂解特性的微观调控模拟[J]. 电工技术学报, 2018, 33(22): 5159-5167.

[9] Boldyrev V V. Topochemistry of thermal decompositions of solids[J]. Thermochimica Acta, 1986, 100(1): 315-338.

[10] 金虎, 李锐海, 孟晓波, 等. 基于热失重分析的盆式绝缘子热分解活化能的计算方法[J]. 高压电器, 2018, 54(05): 44-48+55.

[11] 郭贤珊. 高压开关设备生产运行实用技术[M]. 北京：中国电力出版社，2006.